GESCHICHTE DER FIRMA
GEBRÜDER SULZER
WINTERTHUR UND LUDWIGSHAFEN A. Rh.

VON

CONRAD MATSCHOSS

1910

VERLAGSBUCHHANDLUNG VON JULIUS SPRINGER IN BERLIN

Nicht im Handel!

ISBN 978-3-642-50359-7 ISBN 978-3-642-50668-0 (eBook)
DOI 10.1007/978-3-642-50668-0

Sonderabdruck aus
Beiträge zur Geschichte der Technik und Industrie. Jahrbuch des Vereines deutscher Ingenieure, herausgegeben von Conrad Matschoss.
1910: 2. Band. Verlag von Julius Springer in Berlin.
Softcover reprint of the hardcover 1st edition 1910

Inhaltsverzeichnis.

Seite

I. Die Vorgeschichte der Familie bis zur Begründung der Firma 5
II. Die Begründung der Firma und deren erster Entwicklungsabschnitt (Biographie der führenden Männer) 12
III. Die technische Entwicklung der Hauptfabrikationsgebiete innerhalb der Firma 25
A. Kraftmaschinen einschließlich Dampfkessel 25
1. Kolbendampfmaschinen 25
a. Erster Abschnitt (1851 bis 1866) 27
b. Die Ventildampfmaschine 34
2. Dampfkessel 46
3. Die Dampfturbinen 53
4. Dampfmaschinen mit Abdampfverwertung 56
5. Die Dieselmaschinen 58
6. Schiffsbau und Schiffsmaschinen 61
B. Allgemeiner Maschinenbau 63
1. Die Zentrifugalpumpen 63
2. Die Ventilatoren und Turbokompressoren 67
3. Eis- und Kälteerzeugungsmaschinen 69
4. Tunnelbohrung und Bohrmaschinen 70
5. Geschütz- und Geschoßfabrikation 71
6. Verschiedenes 72
C. Die Heizungen 74
IV. Innere und äußere Organisation der Firma 82
1. Werkstätten, Gießerei, allgemeine Einrichtungen 82
2. Angestellte und Arbeiter 86
3. Die geschäftliche Organisation 90
V. Zusammenfassung und Schluß 92

Inhaltsverzeichnis

Im Herzen Europas, in jenem an Naturschönheiten so überaus reichen Lande, das wir die Schweiz nennen, ist durch die Tatkraft und die Zähigkeit seiner Bewohner eine Industrie entstanden, die dem kleinen Staate, der noch dazu arm ist an allen industriellen Naturschätzen, in der Industriegeschichte der Welt stets einen ehrenvollen Platz sichern wird. Zu den besonders erfolgreichen Pionieren der Schweizer Großindustrie gehört die Firma Gebrüder Sulzer in Winterthur, die mit ihren Arbeiten den Namen ihrer Schweizer Heimatstadt in alle Länder der Erde hinausgetragen hat. Gelingt es, von dem Werden und Wachsen dieser Firma ein klares anschauliches Bild zu zeichnen, so würde damit zugleich ein wichtiger Abschnitt der Industriegeschichte an dem kennzeichnenden Beispiel einer der ersten Weltfirmen gegeben sein. Würde es dann gleichzeitig möglich sein, den technischen Entwicklungsgang der Haupterzeugnisse der Firma in diesem Zusammenhange zu schildern, so dürfte dies als erwünschter Beitrag zu der noch so wenig erforschten Technikgeschichte willkommen sein. Das überaus reiche, von der Firma in entgegenkommendster Weise zur Verfügung gestellte Material, das durch mehrfache lange persönliche Besprechungen nach der verschiedensten Richtung ergänzt werden konnte, läßt mich den Versuch wagen[1]).

I. Die Vorgeschichte der Familie bis zur Begründung der Firma.

Der Name Sulzer läßt sich bis ins 14. Jahrhundert in Winterthur zurückverfolgen.

Der erste Sulzer, der sich gewerblich betätigte, war ein Gastwirtssohn, der Theologie studiert hatte. Dieser Salomon Sulzer, schon im Begriff, seine Antrittspredigt in einer Gemeinde am Zürichsee zu halten, hatte aus Gründen, die wir heute nicht mehr ermitteln können, sich plötzlich entschlossen, den Gelehrtenberuf mit einem Handwerk zu vertauschen. Er wollte Messinggießer werden. In Schaffhausen hatte sich ein Mann niedergelassen, der den Kupferschmieden mit seinem Messingguß gewaltig Konkurrenz machte. Diesen Schaffhauser Meister ersah sich unser Sulzer

[1]) Vor allem habe ich hier dankbar der Mitarbeit von Hrn. Reuter-Sulzer zu erwähnen, der durch zahlreiche ausführliche Briefe sehr wertvolle Unterlagen für diese Arbeit geschaffen hat.

Von der Literatur wurden benutzt: Aus den technischen Zeitschriften Aufsätze über Erzeugnisse der Firma sowie: „Schweizer eigener Kraft", Nationale Charakterbilder, Neuenburg (1906). — Joh. Jak. Sulzer-Hirzel.

zum Lehrmeister. Für 500 Gulden in bar erlernte er das Geheimnis. 1775 machte er sich als erster Messinggießer in Winterthur selbständig. Er hatte hart und schwer zu kämpfen. Die Stetigkeit des Willens, die dem ganzen Unternehmen der Firma in allen Entwicklungsabschnitten das Gepräge gibt, hatte dieser Urahne schon reichlich Gelegenheit zu beweisen. Man hatte in der Stadt Angst vor dem unbekannten neuen Gewerbe. In den Stadtgraben, wo er Eigentum nicht erwerben konnte, und wo deshalb die Entwicklung des Geschäftes unmöglich war, dahin hatte man Sulzer mit seiner ersten Gießhütte verwiesen. Hier begann er Feuerspritzen, Pressen und manches andere mehr herzustellen, das den Kupferschmieden bisher allein vorbehalten war. Nach 10jähriger harter Arbeit gelang es ihm schließlich, oben auf der Erde seine Gießhütte zu errichten. Der Gießer Sulzer war aber auch ein bekannter Dreher. In einem Hause, der „Feigenbaum" genannt, gründete er eine kleine Dreherei mit mechanischer Werkstatt. Damals trat in sein Leben einer der Begründer der Schweizer Industrie, der Salinendirektor und Ingenieur Johann Sebastian von Clais. Dieser bedeutende Mann erkannte das Können des Salomon Sulzer und suchte ihn nach jeder Richtung hin zu fördern, indem er zugleich selbst die mechanischen Fertigkeiten und das klare Urteil des Winterthurer Gießermeisters für seine Arbeiten benutzte. Das Geschäft Sulzers fing an emporzublühen; die Zeit der Ernte schien gekommen. Da loderte die französische Revolution empor. Verheerende Kriege, Brandschatzungen zogen durch die Länder. Handel, Gewerbe und Industrie lagen schwer darnieder. Das Geschäft ernährte keine große Familie mehr. Der Vater überließ seinem 24jährigen Sohne Jakob das Geschäft und wanderte 1806 aus, um an der Saline in Dieuze in Lothringen eine Stellung anzunehmen, die ihm Clais verschafft hatte. Aber sein Lebensmut war gebrochen. Auch der Körper hielt dem Leiden nicht mehr stand. Im August 1807 starb er, ohne seinen, auf die Nachricht von dem Krankwerden herbeigeeilten Sohn noch gesehen zu haben.

Jakob Sulzer, dem seine Frau Katharina Neuffert, eine Württembergerin, die ersten Gebrüder Sulzer, Johann Jakob Sulzer, geboren 1806, und Salomon Sulzer, geboren 1809, geschenkt hatte, war nun der Stammvater des emporblühenden Geschlechtes. Sehr klein und bescheiden sah es noch damals in dem einfachen handwerksmäßigen Betriebe aus. Die ganze Messinggießerei hatte 54 qm Fläche. Höchstens einmal in der Woche wurde gegossen. 1823 brachte er es schon auf 60 Ztr. Guß im Jahr, während sein Vater stolz gewesen war, 25 Ztr. in einem Jahre gegossen zu haben. In der mechanischen Werkstatt arbeitete Sulzer mit besonderer Vorliebe an der Drehbank. Holz, Eisen, Messing, Horn und Bein waren die Materialien, die sich hier unter seiner Hand gestalteten. Nur einige wenige Arbeiter beschäftigte er. Die damals überall, auch in der Schweiz, entstehenden Spinnereien waren die besten Abnehmer Sulzers. So stellt sich uns die Firma in dieser Anfangsentwicklung dar als das Muster eines einfachen Handwerks, das die Größe seiner Entwicklung unsichtbar für die Mitlebenden in der Persönlichkeit der heranwachsenden beiden Gebrüder Sulzer in sich trug. Den Kindern sollten die besten Entwicklungsmöglichkeiten geschaffen werden. Zunächst sollten sie in der Vaterstadt lernen, was dort zu lernen war. Johann Jakob Sulzer besuchte die Schulen bis zu ihrem Abschluß und es wird berichtet, daß er in den mathematischen und naturwissenschaftlichen Fächern sich von Anfang an besonders ausgezeichnet habe. In der Werkstatt des Vaters zu helfen, zeichnen zu können, was er sah, war ihm lieber als lateinisch zu lernen. Ein besonderes Fest aber war es für die Söhne, wenn der Gießtag kam. Nach der Schulzeit begann die Lehrzeit beim Vater. Daß er etwas anderes werden konnte als Dreher und Gießer, kam ihm gar nicht in den Sinn. Bei dieser ausgesprochenen Liebe für den technischen Beruf mußte ihm alle Arbeit und Mühe gering erscheinen. Aber Vater und Sohn empfanden bald, daß noch mehr zu lernen sei, als Winterthur bieten konnte. In die Fremde wandern hieß es, sehen und schauen, wie das Handwerk anderswo betrieben wird, vor allem aber zu versuchen, hinter die Geheimnisse des Eisengusses zu kommen. 1827 wanderte Johann Jakob Sulzer nach Handwerksbrauch zu Fuß, von den Seinen ein Stück Wegs begleitet, aus den Toren seiner Vaterstadt hinaus. Zuerst arbeitete er in Bern in einer kleinen mechanischen Werkstatt. An den Abenden suchte er sich an der

Salomon Sulzer,
geb. in Winterthur 10. Januar 1757, gest. in Dieuze 4. August 1807.

Joh. Jakob Sulzer-Neuffert,
geb. 8. Dezember 1782, gest. 16. Januar 1853.

Gewerbeschule in Bern weiterzubilden, und freudig konnte er ein Jahr später seinem Vater schreiben, daß er in der Prüfung den ersten Preis erhalten habe. Jetzt trieb es ihn weiter. In Frankreich wollte er Eisengießer werden. Der Briefwechsel mit seinem Vater zeigt uns, wie sehr die gesamte Entwicklung der Technik dahin drängte, auch innerhalb dieses kleinen Geschäftes, wenn es auf der Höhe bleiben wollte, den Eisenguß aufzunehmen. Das billige Gußeisen verdrängte überall den teuren Rotguß, und das Holz als hauptsächlichster Maschinenbaustoff hatte seine Zeit ausgedient. Das gußeiserne Zeitalter war hereingebrochen. Im August 1827 schrieb der Vater an seinen Sohn nach Bern: „Ich habe diese Woche durch mein Nachdenken den Eisenguß so rein und weich zustande gebracht, daß man solchen feilen kann wie Messing ... Ich muß es aber noch geheim halten, sonst würde man mich nötigen, eine Masse zu gießen und hätte keine Zeit und Raum ... Denke Dir, es gibt beim Drehen mit dem Grabstichel gerollte Späne."

Sulzer wanderte über Genf nach Lyon und fand hier in einer Eisengießerei

Stellung. Seiner früh geschulten Beobachtungsgabe gelang es, unauffällig das zu lernen, weshalb er hingekommen war. Wenn auch sein erstes Stück, wie er später erzählte, ihm in die Luft geflogen war, so hatte er doch bald erkannt, worauf es ankam. So wurde der Messinggießer zum Eisengießer. Jetzt drängte es ihn, Paris zu sehen. War doch diese Stadt, wie wenig andere, damals auch Mittelpunkt der aus England herübergekommenen neuen Technik. In zwei Wochen hatte er die 500 km lange Reise zu Fuß zurückgelegt. 1830 kam er in Paris an und fand nirgends Arbeit. Die Politik ließ dem Franzosen mal wieder keine Zeit, an Industrie und Technik zu denken. Da riet ihm der Vater und gab ihm die Mittel dazu, sich in die damals berühmteste technische Schule „École des arts et métiers" aufnehmen zu lassen. Eine arbeitsreiche Zeit begann. Besonders aufmerksam wurde dort auf den jungen Mann der Professor Leblanc, der ihn, als Sulzer schweren Herzens, um nicht gezwungen zu sein, länger als irgend notwendig, die materielle Unterstützung seiner Eltern anzunehmen, Lebewohl sagen wollte, als seinen Assistenten annahm und ihm die Möglichkeit bot, gleichzeitig zu lernen und Geld zu verdienen. Hier arbeitete er nun unter anderm vor allen mit Armengaud zusammen, der später durch seine umfassende literarische Tätigkeit jahrzehntelang maßgebenden Einfluß ausgeübt hat. Etwa $1^1/_2$ Jahre blieb hier Sulzer an der Schule, um dann durch Leblanc in die berühmten Werkstätten von Edwards in Chailott zu kommen. Edwards war Engländer, ein Mitarbeiter von Arthur Woolf, dessen Name in der Bezeichnung „Woolfsche Maschine" allen Ingenieuren so bekannt ist. Edwards gehört zu den großen englischen Pionieren auf dem Festlande. Er hatte sich Frankreich als Operationsfeld ausgesucht und seine Maschinenfabrik und Eisengießerei genoß bald großen Ruf. Hier hatte Sulzer die denkbar beste Gelegenheit zu lernen. Er muß es verstanden haben, diesem englischen Industrieherrn zu gefallen, denn aus einem seiner Briefe nach Hause erfahren wir, wie sein „neuer Herr sich eine Freude macht, meine Fragen zu beantworten ... Herr Edwards sagte, ich könne zu ihm kommen, wann ich wolle, ich werde immer Unterhalt bei ihm finden. Er erlaubt mir, von morgens 6 bis abends 9 Uhr in der Gießerei zu arbeiten; die übrige Zeit zeichne ich mit einem Engländer im Bureau des Herrn Edwards. Ich darf Euch sagen, daß ich im Hause in Achtung und Ansehen bin und vieles für mich machen darf; d. h. ich habe die Erlaubnis, von allem zu profitieren, was ich zeichne."

Kein Wunder, daß bei solcher Stellung Sulzer den Wunsch hatte, auch seinem Bruder hier eine Stellung zu verschaffen. Sein Freund, Professor Leblanc, hatte rege Verbindungen mit der Firma und besuchte seinen früheren Schüler gern ab und zu und freute sich, wie der hier Gelegenheit hatte, das auf der Schule Gelernte in so umfassender Weise in die Praxis umzusetzen. Dampfmaschinen und Arbeitsmaschinen der verschiedensten Industriezweige, besonders für Mühlen aller Art, hydraulische Pressen usw. wurden hier gebaut. Auch Gewehrfabrikation war eingerichtet. Das Eisen lieferten 3 Hochöfen. In der Gießerei standen noch 2 Gußöfen für große Gußstücke.

Wie es inzwischen in Winterthur im väterlichen Geschäft ging, erfahren wir aus prachtvollen Briefen, die Eltern und Söhne miteinander wechselten. Wir fühlen aus ihnen heraus zwischen jedem Worte das Gefühl der innigen Zusammengehörigkeit, der Liebe und Treue, was diese Menschen zusammenhält. Wir freuen uns der Schaffenskraft des Vaters, dieser Lust am vollen Leben. Und zwischen den Briefen der Männer, die von Arbeit und Erfolg reden, und auf der soliden Gegenwart

Johann Jakob Sulzer-Hirzel, geb. 16. November 1806, gest. 29. Juni 1883.

Salomon Sulzer, geb. 15. September 1809, gest. 31. Januar 1869.

Die ersten Gebrüder Sulzer.

die sichere Zukunft sich erbauen, klingt zwischen hindurch in weichen Akkorden die tiefinnerliche Lebensauffassung der Mutter, die mit ihrem ganzen Herzen an den Ihren hängt. Im September 1830 schreibt sie dem Sohne nach Paris, er möge nicht zu viel arbeiten. „Arbeit ist die Würze des Lebens; wer aber nur, um reich zu werden, sich über Vermögen anstrengt, der ist nicht klug; denn Zufriedenheit des Herzens und Gesundheit sind besser als Gold."

An Tatsachen, die für unsere Entwicklungsgeschichte wertvoll sind, erfahren wir, daß der Vater Pfingsten 1830 seine neue Gießhütte, vor dem Holdertore bezieht. 2 Gießöfen, von denen der größere $1^1/_2$ Ztr. faßt, sind hier aufgestellt. Der ganze Bau aber kostete auch 700 Fr. und sei mindestens 1000 Fr. wert. „Von morgens 4 bis abends 8 Uhr lebt alles in mir — schreibt er dem Sohne — Ich bin so gesund wie noch nie." Am 4. Juli 1830 abends 9 Uhr vollendete er in der alten Gießhütte den letzten Guß, wie er seinem Sohne am nächsten Tage sofort berichtete. Und er schreibt weiter: „Ich hatte von 4 Uhr morgens an gearbeitet und finde jugendliche Stärke. Kommende Woche arbeite ich im neuen Lokal. Ich fühle mich wie neu geboren. Die Kosten sind zwar groß. Doch wenn je der Fall eintreten sollte, daß wir etwas Größeres kaufen, so kann ich versichert sein, nichts zu verlieren. Im kommenden Jahre empfangen wir Dich in die Arme. Nimm nur mit den Augen alles auf, in allen Gießereien, sei es in Eisen oder Metall."

Im Sommer 1832 ging auch der 22jährige Salomon Sulzer auf die Wanderschaft. Er war im väterlichen Geschäft ein tüchtiger Gießer geworden und gern wurde er aufgenommen, als er nach München in der Gießerei von Moy Arbeit suchte. Salomon Sulzer, der später auch in der Messinggießerei von Wieland in Ulm arbeitete, wird als ein kluger besonders humorvoller Mensch geschildert. Die Briefe, die er nach Hause schrieb, bezeugen dies. Überaus reizvoll versteht er München zu schildern und die Nachrichten, die er von Hause erhält, glossiert er oft prächtig humorvoll. Besonders freute sich auch Salomon über die Erfolge seines Bruders in Frankreich. Damals schrieb er an seinen Vater: „Ja wahrhaftig! Wir sehen schönen Hoffnungen entgegen; gebe Gott, daß sie in Erfüllung gehen. Unsere Eintracht und gegenseitige Liebe soll uns stets begleiten und die Knospen, die jetzt stark treiben, bald in herrliche Blüten verwandelt werden."

Fig. 1. Gießhütte vor dem Holdertor.

Aber auch außerhalb der Familie und im Freundeskreise der kleinen Stadt kümmerte man sich um das Ergehen der beiden Brüder. In erster Linie war es hier ihr alter Lehrer, der Rektor Troll, der über alles auf dem Laufenden erhalten wurde, dessen Rat bei wichtigen Familienbeschlüssen stets zugezogen wurde. Nur einmal, als der Herr Rektor beim Stadtrat ein Stipendium für den Sohn in Paris erwirken wollte, kam er bei dem alten Herrn schlecht an. „Vom Stadtrat möchte ich keinen Heller. Ich kann alles noch selbst bestreiten" war die Antwort. Rührend dagegen ist es, daß drei Winterthurer Bürger durch den Rektor heimlich 100 Fr. nach Paris schickten, nicht als Unterstützung, sondern als Aufmunterung. Wenn dann die Pariser Briefe eintrafen, weitete sich das Herz des alten Sulzers und zukunftsfroh ermahnt er den Sohn, nur ja auch die Theorie zu studieren, die mit eine Hauptsache sei für das Vorankommen. „Tausend Sachen kommen vor, woran man nicht denkt, es einmal in seinem Vaterlande zu brauchen, und dann treten doch Fälle ein, wo man's brauchen kann. Darum trägt keiner schwer, wenn er alles kann. Es ist nicht allein nur wegen Winterthur, die Schweiz ist groß." Aber manchmal packt ihn auch die Furcht, andere könnten ihn mit der Einführung der Eisengießerei in Winterthur zuvorkommen. „Es wird Zeit, schreibt er dem Sohne nach Paris, Escher Wyß in Zürich haben auch schon angefangen.“ Und selbstbewußt tröstet er sich: „Wartet nur, bis meine Söhne da sind, es hat nicht jeder einen Sulzerkopf.“ Als im April 1832 die Cholera in Paris ausbrach und die Geschäfte fast zum Erliegen brachte, entschloß sich Jakob Sulzer nach fünfjähriger Abwesenheit die Eltern in Winterthur zu besuchen. Er nahm seinen Weg über Lothringen, wo er in Dieuze das Grab des Großvaters besuchte. Am 19. April 1832 kam er in Winterthur an und schrieb sogleich an seinen Bruder in München: „Sobald ich ein wenig ausgeruht habe, werde ich dem Vater eine Bohrmaschine machen und die Schmelzöfen abändern. Ich denke viel über unsere Lage nach, und es freut mich sehr, daß unsere Eltern so gut stehen. Ich hoffe, daß wir einst glücklich sein werden. Hauptsächlich empfehle ich Dir, alles aufzuschreiben, was Dir neu ist und anwendbar erscheint. Sodann wünsche ich, daß Du in eine Eißengießerei kommen könntest, weil ich sehe, wie ungeheuer viel Eisenguß im Kanton Zürich gebraucht wird. Nach meiner Ansicht wird diese Art Gießerei täglich zunehmen und am Ende für jedes Fach unentbehrlich sein. — Wir müssen darauf sehen, daß nicht ein anderer uns in den Weg kommt; ich werde mein möglichstes tun und bin es auch von Dir überzeugt.‘

Von einer ruhigen Erholung, die er damals recht gut hätte brauchen können, war nicht viel die Rede. Die Mutter schreibt an Salomon: „Es ist, seit Dein lieber Bruder hier ist, unruhig in unserm Hause, daß man zu nichts recht kommen kann.“ Alle Welt besuchte ihn und lud ihn ein. Überall muß er technischen Rat geben, Zeichnungen durchsehen oder anfertigen. „Er ist nur für andere; doch gebe ich ihm keine Schuld“ schreibt der Vater. Immer schärfer drängte sich nun die Frage in den Vordergrund, was nun werden sollte. „Ich hätte ihn gerne hier und ließe ihn gerne gehen,“ schrieb der Vater an Salomon. Als er jetzt seinen tatkräftigen lebensstarken Sohn so vor sich sah, schien ihm doch, als ob Winterthur für den zu klein wäre. Er sieht, wie alle Welt sich um ihn reißt. Freilich weiß er auch, daß der Sohn seine Liebe zu Eltern und Bruder aus dem großen Paris wieder mit nach Hause gebracht hat. Aber „wenn er für einen Industrieherren geboren wäre“?

Schließlich entschied man sich, Jakob Sulzer sollte noch einmal nach Paris gehen. Am 29. Juli 1832 wanderte er wieder nach Zürich. Da bekamen die Eltern die Nachricht, daß die Cholera in Paris wieder stärker als je wüte, und mütterliche Angst und väterliche Besorgnis lassen am andern Tage den Vater nach Zürich nacheilen, wo es ihm gelingt, den Sohn wieder nach Hause zu bringen. Wie sehr führt auch in diesem Schauspiel der Zufall die Regie.

An Arbeit fehlte es nicht. Zunächst wurde eine Schraubenschneidmaschine, mit der man $1^1/_2$—4zöllige Schrauben schneiden konnte, von ihm gebaut. Das war ein Wunderwerk für Winterthur. Das ganze Städtchen lief zusammen, um diese Maschine arbeiten zu sehen. Warum soll man nicht von lästiger Neugierde Nutzen ziehen, dachte der junge Sulzer, und erhob ein Eintrittsgeld von 10 Batzen.

Im September 1832 kam auch Salomon Sulzer zunächst vorübergehend wieder einmal nach Hause, um alsbald nach Gebweiler im Elsaß zu wandern, wo er in den berühmten Werkstätten von Schlumberger, der damals schon 1500 Arbeiter beschäftigte, in Stellung ging. Hier sollte er vor allem auf das gründlichste den Eisenguß kennen lernen. Er fand hier, was er suchte; und freudig konnte er dem Vater, der 1833 bei ihm anfragte, ob er sich nun getraue, guten Eisenguß zu liefern, antworten: „Ihr wißt, daß ich mich niemals über meine Geschicklichkeit groß gemacht habe, aber daß ich mich nicht nur getraue, sondern fest überzeugt bin, wenn wir einander helfen, daß es gehen muß.“ Auf Grund dessen, was seine Söhne gelernt hatten, konnte der Vater wohl nunmehr wagen, das ihn damals so groß dünkende Unternehmen einer Eisengießerei in die Wege zu leiten. Am Neujahrstage 1834 beschlossen Vater und Söhne im gemeinsamen Familienrat die Errichtung der Eisengießerei in Winterthur. Salomon sollte noch eine Zeitlang zurück nach Gebweiler gehen, um hier alles für den Bau der Eisengießerei Notwendige noch genau kennen zu lernen und zu studieren.

II. Die Begründung der Firma und deren erster Entwicklungsabschnitt.

(Biographie der führenden Männer.)

Zunächst handelte es sich darum, einen geeigneten Bauplatz zu finden, der die Möglichkeit späterer Erweiterungen bot, und dann vor allem Geld zum Bau zu schaffen. Den Bauplatz fand man in den städtischen Wiesen an der Straße nach Töß. Gegen Zahlung von 600 Fr. konnte Sulzer dieses ausgedehnte Gelände

Fig. 2. Eisengießerei an der Zürcher Straße 1834.

gegen seine Gießhütte und die anderen Ländereien, die ihm am Holder Tor gehörten, eintauschen. Das Haus „Zum Feigenbaum“, wo die Dreherei untergebracht war, konnte er zunächst noch behalten. Das Baugeld zu schaffen, war schwieriger. Es gehörte damals Mut dazu, in so neuartigen industriellen Unternehmungen sein Geld anzulegen. Schließlich erklärte sich ein reicher Bürger Winterthurs bereit, die erforderliche Summe vorzuschießen. Man konnte mit dem Bau beginnen. Am 5. April 1834 hatte man das Baugelände erworben und bereits am 7. April legte man den Grundstein zur neuen Eisengießerei an der Zürcher Straße Fig. 2. Noch niemand konnte ahnen, daß damit zugleich der Grundstein zu einem unserer heute angesehensten Weltgeschäfte gelegt worden war. Schwere Sorgen waren mit dem Bau verbunden, denn als die erste Auszahlung heranrückte, weigerte sich der Geldgeber, sein Versprechen zu erfüllen. Man mußte mit dem Bauen aufhören und sehen, ob man nicht von anderer Seite das Geld erhalten könnte. Wenn dies nicht gelang, waren die Söhne entschlossen, außerhalb Winterthurs ihre Pläne weiter zu verfolgen. Schließlich erhielt Sulzer die verhältnismäßig geringe Summe zum Bau der bescheidenen Gießerei.

Jetzt ging man rüstig daran, den Bau fertig zu stellen. Im Sommer des gleichen

Jahres konnte schon der erste Eisenguß die Gießerei verlassen. Der Anfang war noch recht bescheiden. Zwei Gießer und zwei Tagelöhner war der ganze Arbeiterstamm. An den wenigen Tagen, wo gegossen wurde, genügte ein Pferdegöpel, das Gebläse zu betreiben. Erst 1839 wurde die erste Dampfmaschine hierfür angeschafft, sie stammte aus Mülhausen, hatte 4 PS und wurde damals nicht wenig angestaunt. Das Geschäft ging vorzüglich. Die Textilindustrie, die sich in der Schweiz vorzüglich zu entwickeln begann, war eine gute Kundschaft, die für ihre vielen Maschinen mannigfach verschiedene Gußsachen brauchte, und 1836 konnten schon 12 Gesellen, die alle aus „Preußen" stammten, beschäftigt werden. Mit der größten Energie arbeiteten Vater und Söhne an der weiteren Entwicklung.

Die Einrichtung der ersten Eisengießerei glich noch ganz der der Messinggießerei. Man goß aus Tiegeln. Die Söhne, die die Vorteile des Kuppelofens aus eigener Erfahrung genau kannten, suchten, zunächst vergebens, ihren Vater zu dieser neuen Einrichtung zu bewegen. Die Widerstände, die sich der schnellen Entwicklung des Geschäftes entgegenstellten, lagen im Begründer der eigenen Firma. Der Schritt vom Handwerk zur Fabrik wurde dem alten Sulzer sehr schwer. Er hatte des Lebens Sorgen kennen gelernt, er wußte, daß mit dem Umfang der Geschäfte die Sorgen zunehmen. Die Ausdehnung des Geschäftes erschien ihm zu schnell. Wenn es so fortgehe, werden sich die Söhne überbauen und schließlich verlumpen müssen. Das waren seine Ansichten. Die Hoffnungsfreudigkeit, die ihn sein Lebenlang erfüllt hatte, verlor sich in der Zeit, die ihm gleichsam die Erfüllung seiner kühnsten Hoffnung brachte. Doch die Söhne waren zu sehr überzeugt von der Notwendigkeit, technisch mit der Welt fortzuschreiten. Und da es mit dem Überzeugen nicht ging, so versuchten sie es mit der List. Sie schafften alles, was zum Kuppelofen gehörte, heimlich heran, und ohne daß der Vater ahnte, was in seiner Gießerei vorging, wurde in der Nacht der Ofen aufgestellt. Gegen die Tatsache, daß nunmehr ein 7 m hoher Kuppelofen in der Gießerei fertig zum Gebrauch dastand, ließ sich nichts mehr einwenden. Als schließlich das prophezeite Unglück sich nicht einstellte, söhnte sich auch der Vater mit der Neuerungssucht seiner Söhne aus.

Schon 1839 war man gezwungen, eine neue größere Gießerei zu bauen und das frühere Gießereigebäude für die mechanische Werkstatt einzurichten. Nun ging es unaufhaltsam vorwärts. Mit größter Energie waren die Söhne bemüht, den Wirkungskreis ihres Geschäftes auszudehnen. Der Vater Sulzer blieb seinem Messingguß treu. Hier konnte er, unterstützt von seinen vielseitigen Erfahrungen, Vorzügliches leisten. Der Eisengießerei widmete sich in erster Linie Salomon Sulzer. In stiller unermüdlicher Arbeit hat er hier für den sich immer weiter ausbreitenden Ruf der Firma gesorgt. Jakob Sulzer, der seit seiner Verheiratung 1836 der schweizerischen Sitte entsprechend, seinem Namen den seiner Frau hinzugefügt hatte, und von da an als Sulzer-Hirzel bekannt ist, wurde immer mehr zum geistigen Leiter des ganzen Geschäftes, im besonderen ließ er sich den Ausbau der eigentlichen Fabrik angelegen sein. In den 40er Jahren reiste er viel im Auslande, besuchte Frankreich, Deutschland und Österreich, später dann auch England. Überall verstand er zu lernen und wertvolle geschäftliche Verbindungen anzuknüpfen.

Diese vielseitige Tätigkeit ließ ihm trotzdem noch Zeit, technischen Unterricht zu geben, hatte er doch selbst in Paris bei Professor Leblanc erfahren, welchen Vorteil eine gute technische Erziehung für das weitere Fortkommen in sich schloß. An der Gewerbeschule hatte er lange Jahre unentgeltlich den Zeichenunterricht erteilt. Hier lernte er Jakob Brunner, den Leiter einer großen Spinnerei kennen, und mit ihm zusammen begann er sich eingehend um Zentralheizungen zu kümmern. Der Bau eines neuen Gymnasiums in Winterthur bot ihm im Jahre 1841 Gelegenheit, die erste Dampfheizung auszuführen. Der Erfolg dieser ersten Anlage führte zur Begründung der Heizungsabteilung, die sich im engsten Anschluß an die Entwicklung der Gießerei bald zu einem sehr wichtigen Arbeitsgebiete der Firma entwickeln sollte.

Bald wuchs das Geschäft so an, daß auch die Arbeitskraft des Vaters und seiner beiden Söhne in keiner Weise mehr ausreichen wollte. Hier zeigte sich nun Sulzer-Hirzel als ein glücklicher Menschenkenner, dem es gelang, führende Kräfte seinem Geschäfte zuzuführen, und der es sich mit großem Verständnis angelegen sein ließ, seine heranwachsenden Söhne von vornherein unter dem Gesichtspunkte heranzuziehen, daß sie später in der Lage wären, das Geschäft zu leiten.

Als der erste in der Reihe der Männer, die später an hervorragender Stelle im Geschäfte tätig waren, trat ein junger Schlosser aus Luzern, Kaspar Hodel, 1850 bei Gebrüder Sulzer ein. Hodel war schon 5 Jahre vorher als Schlosser in der Firma tätig gewesen. Er war dann, um noch mehr von der Welt kennen zu lernen, nach Österreich gewandert und hatte dort Arbeit gefunden. Jakob Sulzer hatte die Arbeitskraft des jungen Mannes schätzen gelernt und nun bot er ihm eine Stelle als Monteur und Werkmeister an. Aus dem Briefe, der mit dem Satze beginnt: „Hätten Sie vielleicht Lust, wieder zu uns zu kommen, so würde es uns sehr freuen, denn wir hatten Sie immer recht lieb und achteten Sie", erfahren wir auch, daß um diese Zeit bedeutende Einrichtungen getroffen waren, „um mit Vorteil Dampfkessel zu verfertigen". 50 Arbeiter wurden beschäftigt, und in der Eisengießerei gießt man schon zweimal wöchentlich. Ferner erfahren wir, daß ein schöner großer Blechglühofen, „eine Zierde der Werkstatt" angeschafft wurde. Hodel nahm das Anerbieten an, und 51 Jahre lang hat er seine ganze Arbeitskraft dem Geschäft gewidmet. Vom Werkmeister arbeitete er sich zum Werkstättenleiter und schließlich zum Direktor empor.

1849 besuchte Sulzer-Hirzel zum ersten Male England. Es hatte ihn naturgemäß von jeher sehr nach diesem Lande der Technik gezogen, das fast ein Jahrhundert lang die gesamte Welt durch immer neue große technische Erfindungen und Entdeckungen in Atem gehalten hat. Zwei Monate lang sah er sich die berühmten Werkstätten und Fabriken des Landes an, und staunend nahm er in sich auf die gewaltigen Fortschritte der Industrie, die damals noch der aller anderer Staaten weit voraus war. Immer wieder drängte sich ihm damals die Bedeutung der Dampfkraft auf. Die in den Dampfmaschinen zu unermüdlicher Arbeit herangezogenen riesigen Kohlenschätze Englands waren die treibenden Kräfte der gesamten Industrie. Kein Wunder, daß er, nach Hause zurückgekehrt, sich danach sehnte, den Bau dieser Maschinen selbst aufnehmen zu können. Aber dazu brauchte er Hilfe. Die Leitung des ganzen Geschäftes nahm doch schon zu sehr seine ganze Kraft in Anspruch, als daß er daran hätte denken können, einen so wichtigen neuen Arbeitszweig konstruktiv selbst durchzubilden. Sehr gern hätte er seinen Schwager Gottlieb Hirzel[1]), der damals in der berühmten Maschinenfabrik von Maudslay, Sons & Field in London tätig war, als Mitarbeiter gewonnen. Er wollte ihm aber

---

[1]) Gottlieb Hirzel, geboren in Winterthur am 18. Mai 1828, besuchte die Schulen seiner Vaterstadt und lernte bei seinem Schwager, Sulzer-Hirzel; er ging dann nach Paris an die École Centrale, von hier kurze Zeit nach Wien, wo er seine Ausbildung vollendete. Dann fand er

nicht zureden, denn das, was er ihm im günstigsten Falle in Winterthur bieten konnte, schien ihm damals gering zu sein gegenüber dem, was Hirzel in seiner angesehenen Stellung in London erreichen konnte. Aber einen Rat sollte er ihm geben und ihm am liebsten einen tüchtigen englischen Ingenieur vorschlagen. Hirzel nannte einen jungen Ingenieur, der ihm, als er fremd, des Englischen unkundig, bei Maudslay seine Stellung angetreten hatte, freundschaftlich entgegengekommen war, Charles Brown. Charles Brown nahm die Stellung an und reiste 1851 nach der Schweiz. Mit Charles Brown erhielt die Firma ein technisches Genie ersten Ranges. Er gehört zu der großen Reihe jener englischen Ingenieure, die englische Technik über die ganze Erde verbreiteten.

Charles Brown,
geb. 30. Juni 1827, gest. 7. Oktober 1905.

Charles Brown war am 30. Juni 1827 zu Axebridge bei London als Sohn eines Zahnarztes geboren. Sein Vater verzog bald nach Woolwich und dort wuchs der junge Brown zwischen den großen Maschinenwerkstätten auf, durch die er die erste Anregung zum Ingenieurberuf empfing. Von 1845 bis 1851 war er dann bei Maudslay speziell mit dem Dampfmaschinenbau beschäftigt. Ungemein unternehmungslustig, den Kopf voll von neuen großen technischen Ideen, kam er bei der so mächtig emporstrebenden jungen Firma in der Schweiz an den richtigen Platz. Stürmisch drängte er voran, manchmal zu rasch für den kühler denkenden Geschäftsleiter, der sein eigenes Geld zu riskieren hatte. Aber Sulzer wußte, was er an Brown hatte, und so ging er so weit als irgend möglich auf die Ideen des jungen Feuerkopfes ein. Brown kam aus einer der besteingerichteten Maschinenfabriken der Welt. Was er damals bei Sulzer fand, war eine gut eingerichtete Gießerei und Kesselschmiede, aber keine Maschinenfabrik, die sich auch nur annähernd hätte ihrer inneren Einrichtung nach mit der besten Englands

Stellung in London im großen technischen Bureau von Maudslay Sons & Field, wo er neben Charles Brown arbeitete. 1855 kam er nach Palermo als Erbauer und Direktor der Fonderia Florio, wo er eine sehr selbständige und angesehene Stellung einnahm. Hier blieb er 5 Jahre, um dann mit seiner Familie nach Zürich zu ziehen, von wo aus er viel nach Winterthur kam. Er lebte dann 6 Jahre in Nürnberg, dann wieder 9 Jahre in Zürich, von wo aus er häufig den Süden Italiens, Neapel, Salerno usw. besuchte. 1877 siedelte er mit seiner Familie nach Italien über, wo er einen Landsitz in der Toscana erworben hatte. Immer noch hauptsächlich mit Ändern und Verbessern von Maschinen beschäftigt. Von 1883 an lebte er abwechselnd in der Toscana, in Zürich und in Winterthur. Bis zu seinem Lebensende war er ein großer Freund von Büchern, und namentlich die Geschichte war ihm stets die größte Freude und Erholung. Er starb in Zürich im April 1904 im Alter von 76 Jahren nach wenigen Tagen heftiger Krankheit.

vergleichen lassen. Hier hieß es zunächst einmal, Werkzeugmaschinen schaffen. Sulzer war damit einverstanden, „aber", sagte er zu Brown, „Werkzeuge und Maschinen können Sie haben, so viel Sie wollen, aber Sie müssen sie selbst machen." So wurde Brown von vornherein als Konstrukteur vor große Aufgaben gestellt. Er baute die denkbar mannigfachsten Werkzeugmaschinen und Dampfmaschinen, er fertigte Spezialmaschinen für die umliegende Textilindustrie. Seine Hauptarbeit aber war die Einführung des Dampfmaschinenbaues. Was er hier geleistet hat, wird an anderer Stelle noch zu betrachten sein.

Wie Sulzer selbst sich zu seinem jungen genialen Konstrukteur stellte, erfahren wir aus einem Briefe an Hirzel vom 26. April 1856, worin er schreibt: „Du hast mir seinerzeit einen guten Rat erteilt, als Du mir Freund Brown empfohlen. Grüße mir die Familie Brown und sage ihr, ich freue mich, in Herrn Brown nicht nur einen fleißigen Mitarbeiter, sondern zugleich einen lieben Freund zu haben." Die Bedeutung Browns für das Geschäft reichte über seine Konstruktionen hinaus. Er erzog eine Reihe vorzüglicher Konstrukteure, und der älteste Sohn Sulzer-Hirzels, Heinrich Sulzer (Sulzer-Steiner), der später viele Jahre lang das Geschäft zu leiten hatte, war ein Schüler Charles Browns. Durch die gemeinsame Arbeit dieser beiden Männer entstand dann die berühmte Ventildampfmaschine, die sich die Welt erobern sollte. Leider hielt Brown nicht dauernd bei der Firma aus. Nach 20 Jahre unermüdlicher Arbeit wollte er es mit größerer Selbständigkeit einmal versuchen. Er begründete die heutige Winterthurer Lokomotivfabrik, ohne doch auch hier Ruhe zu finden. Wir finden ihn dann in Neapel Geschützfabriken für Armstrong einrichten, dann war er als Zivilingenieur in Basel tätig und hier schloß 1905 der Tod dem Nimmermüden die Augen. Seine Begeisterungsfähigkeit, seine ungemein vielseitige technische Gestaltungskraft war ihm bis zuletzt geblieben. Und wer, wie der Verfasser, das Glück hatte, ihn noch in seinen letzten Jahren persönlich kennen zu lernen, mußte erstaunt sein über seine geistige Regsamkeit, die den jeweilig neuesten Errungenschaften der Technik mit geradezu leidenschaftlicher Hingebung entgegenkam. Die großen technischen Fähigkeiten verbanden sich in ihm mit einer ungemein anspruchslosen Bescheidenheit, die es schwer machte, ihn dazu zu bewegen, von sich und seinen Arbeiten zu sprechen. Wenn er von früheren Zeiten erzählte, dann rühmte er seinen einstigen Chef Jakob Sulzer-Hirzel und hob immer wieder hervor, wie dessen Tatkraft und großes technisches Verständnis es ihm erst ermöglicht hatten, so erfolgreich zu arbeiten. Und in gleicher Weise lebt auch heute noch das Andenken an diesen genialen Mitarbeiter bei der Firma Gebrüder Sulzer fort.

Am nächsten lag es naturgemäß Sulzer, der so einmütig mit seinem Vater und Bruder zusammenarbeitete, möglichst frühzeitig auch seine Söhne als vorwärtstreibende Kräfte dem Geschäfte zuzuführen. Wie es ihm in gemeinsamer Arbeit mit seinem Bruder möglich gewesen war, den vom Vater überkommenen handwerksmäßigen Kleinbetrieb zu einer Fabrik in unserm Sinne auszubauen, die bald auch über die engeren Grenzen des eigentlichen Heimatlandes hinaus ihr Arbeitsgebiet ausdehnte, so sollte die nächste Generation dazu berufen sein, diese Schweizer Fabrik zu einem die Welt umspannenden Großbetrieb zu entwickeln.

In der Schweiz ist vielleicht weniger Raum für einseitige Heldenverehrung, wie irgendwo anders. Man weiß sehr wohl, daß nicht die Menschen allein, sie mögen so groß sein wie sie wollen, das Schicksal zu bestimmen vermögen. Aber man ist sich auch nach der andern Seite hin klar, welch ungemein wichtiger Faktor für die Entwicklung jeden Geschäftes die Persönlichkeit ist. Keine noch so vorzügliche Organisation, keine noch so großen Geldmittel, keine noch so vielseitigen Verbindungen vermögen diesen Wert der Persönlichkeit auszuschalten. In der klaren Erkenntnis dieses Wertes liegt eins der wesentlichsten Geheimnisse des Erfolges. Und diesen Wert von vornherein richtig erkannt und seine Handlungen danach eingerichtet zu haben, ist als ganz besonderes Verdienst Sulzer-Hirzels anzusehen. Seine große Menschenkenntnis verstand er nicht nur, wie es sonst so oft vorkommt, bei fremden Menschen, sondern auch bei seinen eigenen Kindern anzuwenden. Es bildet einen ganz eigenartigen Genuß, soweit es noch an Hand der Privatbriefe möglich ist, im einzelnen verfolgen zu können, wie sehr er von vornherein auf das selbständige Arbeiten unter eigener Verantwortung bei seinen Söhnen hinwirkte. Er wußte, wie wenig man mit Vorschriften und Verhaltungsmaßregeln erreichen kann. Genau in der gleichen Weise, wie er seinen Vater schon frühzeitig mit Rat und Tat unterstützen durfte, so zog er jetzt auch seinen ältesten Sohn Heinrich Sulzer zu seiner Unterstützung heran. Auch hier wurde wieder der Sohn des Vaters Freund. Sobald als irgend möglich ließ er ihm freie Bahn zum eigenen Schaffen.

Die drei Söhne Jakob Sulzers, Heinrich Sulzer (Sulzer-Steiner), Albert Sulzer (Sulzer-Großmann), Eduard Sulzer (Sulzer-Ziegler) und der Sohn Salomon Sulzers, Jacob Sulzer (Sulzer-Imhoof) wurden die führenden Kräfte in der nächsten Generation. Wenn wir die Ergebnisse ihrer Arbeit besonders nach der technischen Seite hin noch in den folgenden Abschnitten betrachten können, so wird es hier doch am Platze sein, noch kurz im Zusammenhang auf den Entwicklungsgang dieser Männer hinzuweisen. Heute arbeiten ja neben ihnen schon wieder in leitender Stelle ihre Söhne und Schwiegersöhne, über deren Bedeutung und Einfluß auf die weitere Entwicklung des Geschäftes spätere geschichtliche Arbeiten werden zu berichten haben. Als ältester Vertreter der dritten Generation ist hier Carl Sulzer (Sulzer-Schmid), der älteste Sohn Sulzer-Steiners, besonders zu nennen, da er bereits seit den 90er Jahren an der weiteren Entwicklung des Geschäftes hervorragend teilgenommen hat.

Heinrich Sulzer (Sulzer-Steiner) wurde am 19. März 1837 geboren. Nach einer froh verlebten Jugendzeit besuchte er die höhere Schule seiner Vaterstadt. Im 16. Jahre, 1853, trat er als Lehrling in das Geschäft ein, dessen Führung er später übernehmen sollte. Sein Vater und Brown waren ihm zwei vorzügliche Lehrmeister. 1856 ging er nach Karlsruhe, um das dortige Polytechnikum, das sich unter dem berühmten Redtenbacher einen besonders angesehenen Namen gemacht hatte, zu besuchen. Ununterbrochen blieb er im regsten Gedankenaustausch mit seinem Vater. Alle Angelegenheiten des Geschäftes beschäftigten ihn auch in seiner Studienzeit, und oft genug erbat er sich auch für ganz bestimmte Zwecke den Rat der Karlsruher Professoren. 1858 beendigte er seine Studien und ging auf Rat seines Vaters nach Nürnberg, wo er in der Cramer-Klettschen Fabrik, aus der die heutige Maschinenfabrik Augsburg-Nürnberg A.-G. hervorgegangen ist, arbeitete. Hier war damals Werder tätig, unter dessen hohen technischem und organisatorischem Geschick sich die Firma einen großen Ruf erworben hatte. In Werder fand der junge Sulzer einen besonders hervorragenden Ingenieur, der ihm gern mit seinem Rat zur Seite stand. Über die Ergebnisse seiner hier erworbenen Erfahrungen erstattete Heinrich Sulzer seinem Vater einen ausführlichen Bericht, in dem der folgende Satz für die Anschauungen des jungen Mannes und die weitere

Entwicklung des Geschäftes besonders kennzeichnend ist. Sulzer schrieb: „Was mir in unserem Geschäfte seit Jahren als Haupterfordernis erschien, ist die Trennung der Branchen nach ihrem Ertrag. Wir müssen wissen, was die Gießerei, was die Maschinenfabrik, was die Dampfheizungen und Kessel jährlich eintragen; erst dann haben wir einen Leitfaden, wo hinaus man sich vergrößern soll."

Von Nürnberg aus ging Sulzer nach Triest, wo er durch Verbindung seines Onkels eine Zeitlang im Konstruktionsbureau des Österreichischen Lloyd tätig war. Er benutzte hier zugleich die Gelegenheit, italienisch zu lernen. Technisch konnte er hier einer Anzahl interessanter Arbeiten nähertreten. Vor allem lernte er hier zuerst etwas eingehender den Schiffbau kennen, der dann auch später von seiner Firma aufgenommen wurde. Mit der geschäftlichen Seite war er nicht sehr einverstanden, wenigstens schrieb er an seinen Vater, daß es in Triest ein wenig Gewohnheitssache sei, „die Dinge nur halb fertig zu machen, was ich nicht leiden kann, weil man keine Ordnung in das Zeug hineinbringt und erst noch doppelt soviel Zeit braucht." Der Vater legte Wert darauf, seinen Sohn immer wieder von neuem darauf hinzuweisen, daß er überall für seine spätere Stellung im Geschäft zu lernen habe. Aber das tat Jakob Sulzer-Hirzel nicht durch Ermahnungen, sondern durch unaufhörliches Fragen nach diesem oder jenem, wobei der Sohn in engstem Zusammenhang mit dem Geschäft erhalten wurde und zugleich unmittelbar das Gefühl in sich aufnahm, in wie wertvoller Weise sich alles das, was er dort trieb, sah und lernte, später im eigenen Geschäft verwerten lassen würde. Das Bewußtsein des Sohnes, schon in so jungen Jahren seinem Vater ratend und helfend zur Seite stehen zu können, spornte naturgemäß seine Tatkraft viel mehr an, als alle gutgemeinten Ermahnungen es hätten fertig bringen können.

Ehe Heinrich Sulzer in das väterliche Geschäft eintrat, sollte er noch England kennen lernen. Die unmittelbare Veranlassung hierzu bot die Bestellung der ersten Räderformmaschine. Die Arbeitsweise der Maschine sollte Sulzer an Ort und Stelle in England studieren. Mit einem Gießermeister reiste er Ende Mai 1859 nach Manchester. Im September folgte ihm der Vater nach und zwei Monate lang bereisten nun Vater und Sohn die wichtigsten Industriegegenden Englands. Besonders interessierten sie sich für Gasanstalten. Da sie selbst bereits eine Gasanstalt für das eigene Geschäft errichtet hatten, wollten sie sich auch auf diesem Gebiet weiter vervollkommnen. Im November kehrte der Vater nach Hause zurück. Heinrich Sulzer blieb noch bis Mitte 1860 in England. Er arbeitete längere Zeit in einer Werkzeugmaschinenfabrik in Leeds und beschloß seinen englischen Aufenthalt mit einer Rundreise durch die schottischen Eisen- und Industriebezirke. Nicht überall konnte er die Überlegenheit der englischen Technik anerkennen. „Der englische Guß", schreibt er an seinen Vater, „ist durchweg nicht so fein wie der unsrige, und sehr oft oder meistens eingebrannt. Auch mit dem Sand geben sie sich nicht so viel Mühe wie wir." Über die Dampfmaschinen schreibt er: „daß die englischen Konstrukteurs nicht so raffiniert sind wie bei Gebrüder Sulzer. In England sind die Kohlen billig und da kommt es nicht so genau darauf an, den Dampf zu sparen." Damit hatte er auch damals richtig die aus der Not entspringende technische Überlegenheit der Dampfmaschinenfabriken erkannt, die auf Kohlenersparnis besonders hohen Wert legen mußten. Über die Vielseitigkeit seiner Studien und über die Gründlichkeit, mit der er alles auffaßte, was er lernte, geben seine Skizzenbücher den besten Aufschluß. Diese umfangreichen Bücher beziehen sich sowohl auf die Konstruktion als auch auf die mannigfach verschiedenen Betriebseinrichtungen. Meisterhaft ausgeführte Skizzen, die das Wesentliche deutlich erkennen lassen, werden ergänzt durch Text und Zahlenangaben. Wir finden hier die damals neuesten Schiffsmaschinen und Ruderradkonstruktion neben großen Dampfniederdruckkesseln, mannigfache Angaben über Gasanstalten, die verschiedenartigsten Werkzeugmaschinen und Hebemaschinen, wichtige Notizen aus dem Gebiet der Gießerei, ja auch die so verschiedenartigen Maschinen der Textilindustrie sind ausführlich vertreten. Das, worauf es ihm ankam, war, möglichst viel zu lernen, wer konnte wissen, was später alles für das eigene Geschäft zu verwerten war. Im Februar 1860 schreibt er an seinen Vater: „Meine Aufgabe ist, Dir sobald als möglich die Last in allen Teilen zu erleichtern, und ich muß daher von allen Branchen zusammenraffen, was ich kann, und damit für einige Zeit aushelfen.“

Heinrich Sulzer-Steiner,
geb. 19. März 1837, gest. 11. Mai 1906.

Abgesehen von diesen eigenen Kenntnissen, die er sich hier erwarb, hatte er seinem Geschäft noch dadurch einen großen Dienst geleistet, daß er seinem Vater vorschlug, seinen Jugendfreund Rudolf Ernst, den er „den Tüchtigsten der jungen Leute, die ich kenne“ nannte, anzustellen. Aus dem Briefe an seinen Vater, der diesen Vorschlag enthielt, lernen wir auch deutlich seine Wertschätzung der Persönlichkeit kennen. „Intelligenz in ein Geschäft zu ziehen,“ schreibt damals der 23jährige Sulzer, „kann nie ein Fehler sein, es müßte denn ein ganz hoffnungsloses Unternehmen sein, und das unsrige ist nichts weniger als das. Es gibt nur ein Mittel, ein kompliziertes Geschäft wie das unsrige konkurrenzfest zu erhalten, und dies ist, jeder Hauptbranche einen eigenen tüchtigen Dirigenten zu geben; haben diese dann reüssiert, ihre Kräfte auszudehnen und zu raffinieren, so scheint mir ein solches kombiniertes Geschäft noch vorteilhafter als eines, das nur Spezielles macht, weil beim erstern viele sich sehr summierende Nebensachen im gleichen zugehen und es auch Schwankungen weniger ausgesetzt ist.“

Rudolf Ernst, geboren 1836, war mit Heinrich Sulzer zusammen in Winterthur aufgewachsen. Sie hatten ihre Ausbildung bis zu ihrer ersten Stellung als Ingenieur gemeinsam genossen. Dann war Ernst nach Frankreich gegangen. In England trafen sich die beiden Freunde. Der Vater Sulzer kannte seinen Sohn und dessen Freund, und mit Freuden ging er deshalb auf den Vorschlag ein und ebenso freudig folgte Ernst dem Ruf. In fast 30jähriger Arbeit, davon 18 Jahre als verantwortlicher Teilhaber, hat er der Firma hervorragende Dienste geleistet. Zu früh entriß 1890 ein schneller Tod ihn seinem Wirkungskreise[1]).

Im Juni 1860 traf Heinrich Sulzer wieder in Winterthur ein. Er fand beide, Vater und Onkel, müde und abgespannt von allzu vieler Arbeit vor. Besonders übel stand es mit der Gesundheit Salomon Sulzers, der, von Kindheit an gesundheitlich zart, von der Last der Geschäfte stark mitgenommen war. Die Rücksicht auf seine Gesundheit zwang ihn dann auch 1867, aus der Firma auszutreten und seinem Bruder das Geschäft allein zu überlassen.

Die Fabrik beschäftigte damals, als mit Heinrich Sulzer die zweite Generation in leitende Stellung kam, etwa 500 Arbeiter und war im steten raschen Emporblühen begriffen. Damals brachten gerade die ersten großen Bestellungen aus dem Auslande eine lebhafte Geschäftsentwicklung mit sich. Heinrich Sulzer, der in England die zu jener Zeit besonders lebhafte Entwicklung gezogener Kanonen nach der Bauart Armstrong kennen gelernt hatte, beschloß, diese Fabrikation auch in Winterthur einzuführen. Er diente zunächst in der Schweiz bei der Artillerie, um hierdurch praktisch mit der Verwendung der Geschütze vertraut zu werden. Die Firma bekam Bestellungen auf Munitionslieferungen für die schweizerische Artillerie, und bald begann auch die Bearbeitung von Geschützrohren in den eigenen Werkstätten.

Hatte sich Heinrich Sulzer seiner großen Liebe zur gestaltenden Technik entsprechend in den ersten Jahren sehr eingehend mit der konstruktiven Durchbildung besonders der Dampfmaschinen und dann auch der Heizungen beschäftigt, so zwang ihn die immer weitere Ausdehnung des Geschäftes, hierauf mehr und mehr zu verzichten. Nur die Heizungsabteilung hat er bis zu seinem Tode ausschließlich geleitet. Die Leitung des Gesamtgeschäftes, die ungemein wichtigen sozialen Fragen nahmen seine Arbeitskraft schließlich in der Hauptsache in Anspruch. Unermüdlich tätig, freute ihn ganz besonders das freundschaftliche, gemeinsame Zusammenarbeiten so vieler Glieder seiner Familie, worin er mit Recht die wertvollste Gewähr für eine gesunde Weiterentwicklung sah. Als am 11. Mai 1906 ihn der Tod seiner Firma und seiner Familie entriß, zeigte die allgemeine, weit über die Grenzen seiner Heimat hinausgehende Trauer die große Bedeutung, die er sich durch eigene Arbeit erworben hatte.

Die zielbewußte Tätigkeit Sulzer-Hirzels, sich in seinen eigenen Söhnen Nachfolger zu erziehen, können wir auch ebenso in der Erziehung seiner beiden anderen Söhne Albert Sulzer (Sulzer-Großmann) und Eduard Sulzer (Sulzer-Ziegler) beobachten.

Albert Sulzer-Großmann, am 23. Januar 1841 geboren, besuchte wie sein älterer Bruder die Winterthurer Schulen, um dann als Lehrling im väterlichen Geschäft besonders die Gießerei zu erlernen. Dem Knaben wurde es damals mit der Schule nicht allzu leicht gemacht. Die Lehrlinge hatten morgens von 6 Uhr bis 8 Uhr Unterricht. Dann ging es in die Werkstatt, um nach einer angestrengten Tagesarbeit abends wieder zwei Schulstunden zu erhalten. 1859 war diese Lehrzeit beendet. Nun ging es auf das Polytechnikum in Karlsruhe, wo Redtenbacher nachhaltigen Einfluß auf den jungen Sulzer ausübte. Nach Hause zurückgekehrt, mußte er sich sofort wieder ausschließlich der Gießerei widmen. Aber es sollte nicht nur ein Gießer aus ihm werden, sondern auch der Leiter eines emporstrebenden

[1]) Sein Sohn Richard Ernst ist jetzt Teilhaber der Firma und Leiter der Fabrik in Ludwigshafen.

Unternehmens. Deshalb wurde Albert Sulzer nunmehr in eine kaufmännische Lehre, auf eine Bank, nach Basel gegeben. Dann ging es ins Ausland. Zunächst arbeitete er fast ein Jahr in den berühmten Werkstätten von Schneider, Creuzot. Darauf war er in einem großen Eisenhandlungshaus in Glasgow beschäftigt, um dann ausschließlich große englische Gießereien zu besuchen. 1867 finden wir ihn wieder in Winterthur, wo er nunmehr die Gießerei in leitender Stellung zu übernehmen hatte. Hier entwickelte er sich zu einem der ersten Kenner dieses großen technischen Arbeitsgebietes, und ihm in erster Linie ist es zu verdanken, daß die Gießerei der Firma Gebrüder Sulzer heute zu den ersten der ganzen Welt zählt. Naturgemäß konnte er auf die Dauer nicht ausschließlich seine Arbeitskraft diesem Gebiete widmen. Die großen geschäftlichen Fragen seiner Firma fingen an, auch für ihn immer mehr in den Vordergrund zu treten. Heute ist er als der älteste Inhaber der Firma hervorragend an der Leitung des gesamten Unternehmens beteiligt. Aber auch heute noch steht er mitten in seinem Spezialarbeitsgebiet und mit größtem persönlichen Interesse verfolgt er alle neuen Fortschritte und ist unermüdlich bestrebt, seine Firma auch auf diesem Gebiete weiter zu führen.

Albert Sulzer-Großmann,
geb. 23. Januar 1841, gest. 14. November 1910.

Von besonderer Bedeutung wurde die von ihm eingeführte wissenschaftliche Durchdringung dieses Arbeitsfeldes, das länger als andere Gebiete dem „reinen Praktiker" überlassen war[1]).

[1]) Während dies niedergeschrieben wurde, dachte bereits Sulzer-Großmann daran, sich vom Geschäft zurückzuziehen. — Am 1. Juli 1910 trat er von der Leitung des Geschäftes zurück und jetzt erst konnte er empfinden, wie fest er mit seiner Lebensarbeit verwachsen war. Der Abschied von der gewohnten Tätigkeit, von den Räumen der Fabrik und von seinen Mitarbeitern wurde ihm unsäglich schwer. Seine innere Widerstandskraft schien vom Tage seines Rücktrittes an gebrochen. Er hatte seine Persönlichkeit in seine Arbeit hineingelegt und war mit seinem ganzen großen Temperament an alles das gegangen, was er in seinem langen Leben hat schaffen können. Die Leere, die ihn zu umgeben schien, als nun alles das, was ihn so sehr beschäftigt hatte, aus seinem Gedankenkreis hinausrückte, sollte er nicht mehr lange ertragen. Äußere Krankheiten traten hinzu, die vielleicht noch mehr seinen Schmerz steigerten, nun nicht mehr selbst schaffend tätig sein zu können. Am 14. November 1910 ging Albert Sulzer-Großmann zur ewigen Ruhe ein. Der Eindruck, den dieses Hinscheiden des Ältesten der Gebrüder Sulzer innerhalb der Firma, in der Stadt Winterthur und weit darüber hinaus in den Kreisen, die seine Lebensarbeit zu schätzen wußten, hervorgerufen hat, zeugt besser als Worte für den Wert des Mannes, der von uns gegangen ist.

An die heute mit so vieler Energie einsetzenden Bestrebungen in Deutschland, dem Ingenieur auch eine für die Verwaltung ausreichende Erziehung zu geben, wird man lebhaft denken müssen bei dem Ausbildungsgang Eduard Sulzers (Sulzer-Zieglers).

Einem auf reicher Lebenserfahrung beruhenden Grundsatz hatte Sulzer-Hirzel die Fassung gegeben: „Wenn ein Geschäft reüssieren soll, muß ein unermüdliches Genie für die Technik und ein nicht minderes für die merkantile Richtung präsent sein." Folgerichtig wollte er für diese wirtschaftliche Seite seinen jüngsten Sohn Eduard ausgebildet sehen.

Nachdem Eduard Sulzer, geboren am 23. September 1854 in Winterthur, das Gymnasium besucht hatte, begann er 1873 dem Wunsche seines Vaters entsprechend, zunächst $1^1/_2$ Jahre auf der Universität in Genf Kameralia und Naturwissenschaft zu studieren. „Du sollst", schrieb 1874 der Vater dem Sohne, „kein eigentlicher Jurist werden, sondern ein Mann von möglichst allgemeiner Bildung, ein hellsehender, klarer, gewiegter Geschäftsmann, in welcher Karriere Du hier eine schöne Basis finden wirst." Dementsprechend studierte dann Eduard Sulzer in Heidelberg Jura und vor allem Privatrecht, dann Staatsrecht und Nationalökonomie. Ein Jahr lang besuchte er auch die Berliner Universität. Überall legte er den größten Wert darauf, sich solche Lehrer auszusuchen, die nicht nur durch ihr Wissen, sondern auch durch ihre Persönlichkeit auf ihn einzuwirken vermochten. Nach drei Jahren wohl angewandten Universitätsstudiums lernte er ein halbes Jahr lang den inneren Betrieb des Geschäftes genau kennen. Er, der ein reiches Wissen sich bereits erworben hatte, fing im eigenen kaufmännischen Bureau von unten an, seiner Auffassung getreu: „Es gibt keine unwesentlichen Einzelheiten in einem großen Geschäft." Von Kindheit an mit der ganzen Entwicklung der Firma vertraut, war es ihm naturgemäß leicht, sich überall hineinzufinden. Daß es ihm auch an technischen Kenntnissen nicht fehlte, war bei der freundschaftlich engen Beziehung zu seinem Vater und seinen Brüdern sowie deren Mitarbeitern nur natürlich. Auf den Rat seines ältesten Bruders, Sulzer-Steiners, der gerade die Verbindung technischer Kenntnisse mit juristischer und volkswirtschaftlicher Bildung hoch einschätzte, besuchte dann Eduard Sulzer noch auf ein Jahr das Polytechnikum in Dresden. Hier hörte er Zeuner und mit großem Genuß Hartig. Mit großer Energie suchte er oft bis in Einzelheiten hinein sich seine technischen Kenntnisse zu erweitern. Das ging so weit, daß er sich sogar in die Zeunerschen Schiebersteuerungen vertiefte.

Jetzt fehlte ihm noch die kaufmännische praktische Ausbildung. Um diese zu erlangen, arbeitete er eine Zeitlang in einem großen Eisengeschäft in Schottland, um dann Ende 1878 in die Verwaltung des eigenen Geschäftes einzutreten. Er hatte hier zunächst die Kalkulation und Selbstkostenberechnung unter sich. Was den Ingenieuren unangenehm war, suchte man zumeist auf ihn abzuschieben, naturgemäß zuerst alle verwickelten Rechtsfragen. Gemeinsam mit den älteren Brüdern arbeitete er sich so in alle einzelnen Abteilungen des Geschäftes ein, die damals noch nicht so getrennt waren wie heute. Mit großer Liebe beschäftigte er sich auch mit den Arbeiter- und Lohnfragen. Seit 1881 steht er als Teilhaber der Firma mit an der Spitze des Geschäftes.

Sulzer-Ziegler widmete sich von jeher mit besonderem Interesse dem Tunnelbau und befaßte sich auch mit der Durchbildung der von der Firma übernommenen Gesteinsbohrmaschinen.

Von den beiden Söhnen Salomon Sulzers steht heute Johann Jakob Sulzer (Sulzer-Imhoof) mit an leitender Stelle der Firma. Am 30. September 1855 in Winterthur geboren, besuchte er die dortigen Schulen, die damals gerade in einer Umwandlung begriffen waren, wodurch er Gelegenheit hatte, sowohl die humanistische Schule als auch die Industrieschule zu absolvieren. Er besuchte sodann das Polytechnikum in Zürich, wo er 1877 das Diplom als Maschineningenieur erwarb. Darauf ging er nach Dresden, um Zeuner zu hören. Ein Jahr war er sodann im Konstruktionsbureau der belgischen Firma Carels Frères tätig, wo er vor allem im Bau von Dampfmaschinen und Lokomotiven Erfahrungen erwarb. Um sich sodann im Schiffbau auszubilden, nahm er in der Nähe von Glasgow eine Stellung an, wo er Gelegenheit hatte, den Bau von kleinen Seeschiffen und Baggern zu studieren. Von hier ging er zu der berühmten Schiffbaufirma R. Napier & Sons in Glasgow, wo er unter der Leitung des hochangesehenen Dr. Kirk an der Konstruktion der ersten Dreifachexpansionsschiffsmaschine sich beteiligte. Ende 1883 kehrte Jakob Sulzer nach Winterthur zurück, um hier an der Seite von Rudolf Ernst sich in dem Bau von Dampfmaschinen, Eismaschinen und dem Schiffbau zu betätigen. Hauptsächlich beschäftigte ihn hier auch die wissenschaftliche Seite des Dampfmaschinenbaues. Zahlreiche wichtige Versuche konnte er durchführen, wodurch die Einführung der Dreifachexpansionsventilmaschine in die Wege geleitet wurde. Nach dem Tode von Rudolf Ernst übernahm er dann 1891 die Leitung der gesamten Abteilung. Gestützt auf zahlreiche Versuche, führte er die Verwendung des überhitzten Dampfes, den man früher schon einmal benutzt hatte, wieder ein und suchte die Dampfmaschine den Bedürfnissen der Elektrizitätswerke, diesen besonders wichtigen Abnehmern, anzupassen. In den Jahren 1902 und 1903 wandte sich Sulzer mehr und mehr dem Studium der Verbrennungskraftmaschinen zu und führte den Bau von Dieselmaschinen ein, mit deren weiteren Entwicklung er auch heute noch beschäftigt ist. Auch auf dem Gebiete des Schiffbaues hat er an der heutigen Stellung der Firma hervorragenden Anteil.

Während so die zweite Generation und zum Teil auch schon die dritte in unermüdlicher Arbeit für das Geschäft tätig war, oder sich im Bewußtsein ihrer späteren Stellung hierfür vorbereitete, zogen sich die Begründer der Firma immer mehr von dem Geschäft zurück. Wir hatten gesehen, wie Salomon Sulzer, der jüngere der beiden Brüder, durch seinen Gesundheitszustand gezwungen war, sich bereits 1867 von dem Geschäfte zurückzuziehen. Er war aber doch zu sehr mit dem Geschäfte, das er begründet hatte, verwachsen, als daß er nicht, soweit es sein Gesundheitszustand erlaubte, sich mit Interesse immer wieder an den Arbeiten beteiligte. Sein lebensfroher Sinn ließ ihn die Leiden seines Körpers immer wieder vergessen. Kurz darauf ereilte ihn von neuem eine schwere Krankheit, von der er sich nicht mehr erholen sollte. Am 31. Januar 1869 befreite der Tod den jüngeren der beiden ersten Gebrüder Sulzer von seinem Leiden, ihn, der in stiller, unermüdlicher Arbeit, die er auch bei allen körperlichen Leiden stets mit Frohsinn und Humor zu vereinen verstand, neben seinem Bruder so viel zum Aufblühen der Firma beigetragen hatte.

Sein älterer Bruder Sulzer-Hirzel, mit weit kräftigerer Gesundheit ausgestattet, blieb noch bis 1872 an der Spitze des Geschäftes. Dann überließ er die Leitung seinen Söhnen, um seinen Lebensabend im Kreise seiner Familie zu beschließen. Aber ihm, der ein ganzes, langes Leben unermüdlich tätig gewesen war, behagte die bloße Beschaulichkeit nicht. Und so sehen wir ihn sein Lieblingsstudium, die

Geologie, wieder aufnehmen. Der Industrielle in ihm sprach allerdings auch ein Wort mit. Er wollte feststellen, ob die Schweiz Steinkohlen besitze. Was Kohlenschätze wirtschaftlich zu bedeuten hatten, das konnte keiner besser wissen als er, der mit so großem Erfolg den Dampfmaschinenbau aufgenommen hatte. So begann er denn zunächst die hierfür maßgebenden geologischen Werke zu studieren, dann unternahm er Reisen und trat in ausgedehnten Briefwechsel mit Geologen und Industriellen. Schließlich hatte er sich soweit Unterlagen verschafft, daß er sich mit seinen Ideen an den Bundesrat wenden konnte. „Seitdem ich unser Geschäft an meine Söhne übertragen," schrieb er am 27. Februar 1873 an den Bundesrat, „habe ich mir die Erforschung der Steinkohle in der Schweiz zur Aufgabe gemacht, nicht um mich in neue Geschäfte zu werfen, sondern weil mir diese Aufgabe im Interesse unseres Vaterlandes zu liegen scheint und weil ich sie als eine Pflicht auffasse." Wir erfahren dann weiter aus diesem Schreiben, daß ihn schon 1832 diese Frage der Steinkohlen in der Schweiz beschäftigt habe. Er stellte fest, daß der Steinkohlenverbrauch von 215 403 Ztr. im Jahre 1850 auf 9 196 260 Ztr. im Jahre 1872 gestiegen sei. Den Wert schätzte er auf 18,4 Mill. Frs. und dieser Summe gegenüber seien die Kosten eines Bohrversuches von etwa 100 bis 200000 Frs. als sehr gering anzusehen. Der außergewöhnlichen Schwierigkeiten des ganzen Unternehmens war sich Sulzer wohl bewußt. Er wollte deshalb auch nicht von dem Staat eine finanzielle Unterstützung erreichen, sondern er ersuchte nur um eine Prüfung der Angelegenheit durch die geologische Kommission. Seine Bemühungen wurden durchaus anerkannt. 1875 wurde eine Steinkohlenbohrgesellschaft gegründet und ein Ingenieur von Gebrüder Sulzer, C. Hirzel-Gysi, studierte zunächst in Böhmen die Durchführung derartiger Bohrungen, um dann im September und Oktober 1875 die Bohrungen in Rheinfelden auszuführen, allerdings ohne jedes Ergebnis, doch auch die Tatsache, daß in der Schweiz keine Steinkohlen zu finden sind, war von großem Wert, denn nur durch diesen groß angelegten praktischen Versuch war es möglich gewesen, diese in wirtschaftlichen und technischen Kreisen früher immer wieder von neuem auftretenden Fragen und Vermutungen endgültig zu erledigen. In technisch-wissenschaftlicher und geologischer Hinsicht war aber dieser Bohrversuch in Rheinfelden überaus interessant. Persönlich ging Jakob Sulzer das Scheitern dieser langjährigen Hoffnungen sehr nahe, wenn er sich auch mit den Worten tröstete, „fehlt der Erfolg auch, so habe ich doch der Wissenschaft einen Dienst erwiesen." Die Jahre, die ihm noch übrig blieben, verlebte er im Kreise seiner Familie und Freunde in vollster geistiger Frische, die ihn immer wieder von neuem befähigte, an dem Fortschreiten seiner Firma mit geistiger Regsamkeit teilzunehmen. Noch mit 72 Jahren besuchte er die Pariser Weltausstellung vom Jahre 1878, um sich dort an den Fortschritten der Technik zu erfreuen. Vor einem halben Jahrhundert war er als junger Handwerker zu Fuß in Paris eingezogen, jetzt verlieh die Jury der von ihm begründeten Firma zwei große Preise, einen für Dampfmaschinen und einen für Heizungen. Auch seinen alten Freund und einstigen Kollegen von der École des arts et métiers, Armengaud, der einer der angesehensten Zivilingenieure geworden war, traf er hier und die alten Freunde mögen in der Erinnerung an ihre gemeinsame Jugendarbeit sich lebhaft der ungeahnten Entwicklung der Technik, die sie erleben durften, gefreut haben.

Auf einer Reise, die er 1883 nach dem Süden antrat, holte er sich eine verhängnisvolle Erkältung. Nach Hause zurückgekehrt, empfand er, daß sein Leben zu

Ende ging. Am 29. Juni 1883 nahm er Abschied von seinen Kindern und Enkeln und hier noch einmal wies er darauf hin, wie notwendig das innige treue Zusammenhalten aller Familienmitglieder auch für das Gedeihen des Geschäftes sei. Ein selten erfolgreiches Leben war ihm, der an diesem Tage die Augen für immer schloß, beschieden gewesen. Von seinem Geist beseelt, konnte die Firma unter gemeinsamer Arbeit vieler hervorragender Männer sich auch nach der technischen Seite hin so vielseitig und mustergültig entwickeln, wie die folgenden Abschnitte zu zeigen haben werden.

Hier sei nur noch zum Schluß dieses Abschnittes zusammenfassend darauf hingewiesen, in wie hohem Grade die hervorragenden Persönlichkeitswerte, die in den Männern entwickelt waren, die hier kurz biographisch betrachtet wurden, das Gedeihen des Gesamtgeschäftes beeinflussen. Wie ungemein vielfältig sind doch die Kanäle, die immer neue Anregungen einem solchen Unternehmen von allen Seiten durch den Geist der Personen, die in ihm tätig sind, zuführen. Von Triest bis Glasgow, von Berlin bis Paris, überall verstehen sie es, das für sie Notwendige herauszusuchen, in sich weiter zu verarbeiten und zu nutzbringendem Schaffen dann wieder zu verwenden. Den Dank, den diese Männer ihren Lehrmeistern schulden, haben sie in reichem Maße durch die vielseitigen Anregungen, die nun wieder von ihnen ausgingen, abgestattet. Bei Gebrüder Sulzer tätig gewesen zu sein, wurde zu einer Empfehlung, die vielen Männern die Wege zu weiterem Fortkommen bahnte. Die Technik läßt sich nicht, ebensowenig wie die Wissenschaft, in den engen Grenzen staatlichen Lebens, wie es sich heute in Europa ausgebildet hat, abschließen. Sie ist im besten Sinne international und so ist auch gerade die Firma. deren geschichtlichen Entwicklungsgang wir hier zu betrachten haben, in ähnlicher Weise wie die großen führenden Fabriken anderer Staaten zu einer vielbegehrten Lehrmeisterin der Technik geworden. Auch von diesem Gesichtspunkt aus gesehen, geht die Wirkung der Männer, die wir hier zu betrachten hatten, weit über die Grenzen ihres eigenen Geschäftes hinaus.

III. Die technische Entwicklung der Hauptfabrikationsgebiete innerhalb der Firma.

A. Kraftmaschinen einschließlich Dampfkessel.

1. Kolbendampfmaschinen.

Seitdem es gelungen ist, die in den Kohlenschätzen der Erde schlummernden Wärmeenergien zu nutzbringender wirtschaftlicher Arbeit heranzuziehen, hat sich unser gesamtes industrielles Unternehmen von Grund aus umgestaltet. Man mag einen Industriezweig nehmen, welchen man wolle, oder irgendein anderes technisches Arbeitsgebiet herausgreifen, immer bildet die Einführung der Dampfmaschine den deutlich erkennbaren Schritt zwischen dem, was war, und dem, was heute ist. Die Bedeutung der Dampfmaschine für unsere gesamte Kultur kann kaum überschätzt werden, denn erst mit der Dampfmaschine war dem Menschen eine von Wind und Wetter unabhängige, leistungsfähige, unermüdliche und verhältnismäßig billige Arbeitskraft in unbegrenztem Umfange zur Verfügung gestellt. Jeder Fortschritt auf diesem Gebiete mußte deshalb für alle anderen Arbeitsgebiete der Technik stets von großer Bedeutung sein. Nur wenige Firmen haben in diesen

Entwicklungsgang der Dampfmaschine so fördernd eingegriffen als Gebrüder Sulzer. Wenn in der Neuen Welt die neuere Geschichte der Dampfmaschine mit der Corlissmaschine beginnt, so leitet die Sulzer-Ventilmaschine in der Alten Welt einen neuen Abschnitt ein. Durch ihre Arbeiten an der Dampfmaschine hat sich die Firma ihren internationalen Ruf erworben. Es wird deshalb hier durchaus am Platze sein, gerade über den Entwicklungsgang der Dampfmaschine innerhalb der Firma ausführlicher zu berichten[1]).

Mit Rücksicht darauf, daß von der Firma auch seit alters her Dampfkessel gebaut wurden, und in neuester Zeit der Bau von Dampfturbinen und Verbrennungskraftmaschinen erfolgreich aufgenommen wurde, wird es sich empfehlen, das ganze Gebiet der Kraftmaschinen hier einheitlich zusammenzufassen. Danach ergibt sich, wenn wir das Gebiet überschauen, ungezwungen etwa folgende Gliederung. Der erste Entwicklungsabschnitt reicht vom Bau der ersten Dampfmaschine im Jahre 1851 bis zum Jahre 1866, als die erste liegende Sulzer-Ventilmaschine auf den Markt kam. Dieser Abschnitt ist gekennzeichnet durch sehr vielseitige Ausgestaltung der Schiebermaschinen. Wir finden hier alle nur denkbaren Bauarten vertreten, die in ihrer konstruktiven Durchbildung sowohl in der gesamten Anordnung als auch in den Einzelteilen überall die geniale Hand Browns erkennen lassen. In der Beziehung gehen bereits diese Maschinen weit über die normalen Konstruktionsformen dieser Zeit, wenigstens außerhalb Englands, hinaus. Besonders bemerkenswert sind in diesem Abschnitt auch die wiederholten Versuche, die Dampfüberhitzung einzuführen.

Der zweite Abschnitt beginnt mit der Einführung der Ventildampfmaschine. Der freitragende Balken, die Ventilanordnung über und unter dem Zylinder und der Antrieb der auslösenden Steuerung durch eine zur Längsachse der Maschine parallele von der Kurbelwelle angetriebene Steuerwelle sind kennzeichnende Merkmale der neuzeitigen liegenden Dampfmaschine geworden.

Der dritte Abschnitt umfaßt die weitere Vervollkommnung der Dampfmaschine in wärmetechnischer Hinsicht. Hatte man schon in dem ersten Entwicklungsabschnitt sehr interessante Zweifachexpansionsmaschinen, Woolfsche Maschinen und auch Verbundmaschinen ausgeführt, so ging man jetzt zur endgültigen Einführung der neuzeitlichen Verbundmaschine und dann auch der Dreifachexpansionsmaschine, die, zuerst im Schiffsmaschinenbau heimisch geworden, auf diesem Gebiete einen großen Fortschritt zuwege gebracht hat.

Die neueste Zeit brachte dann die endgültige Einführung der Dampfüberhitzung. Gleichzeitig ist in konstruktiver Hinsicht dieser Entwicklungsabschnitt gekennzeichnet durch die Zusammenfassung großer Arbeitskräfte innerhalb einer Maschine. Es entsteht die Großdampfmaschine, unter besonderer Anpassung an die Bedürfnisse der großen Elektrizitätswerke. Neben der früher allein herrschenden liegenden Dampfmaschine entstehen jetzt auch riesige stehende Dampfmaschinen.

---

[1]) Im wesentlichen kann ich hier auf meine Darlegungen in der „Entwicklung der Dampfmaschine“ Bd. II Berlin 1908, zurückgreifen. Die Darlegungen, die ich dort machen konnte, beruhten auf dem Studium der alten Originalzeichnungen und Akten, die mir die Firma seinerzeit in entgegenkommendster Weise zur Verfügung gestellt hatte. Im Rahmen dieser Arbeit aber wird das, was naturgemäß in der „Entwicklung der Dampfmaschine“ an den verschiedensten Orten zerstreut werden mußte, zusammenfassend behandelt werden.

Während so die Kolbendampfmaschine in unablässiger Arbeit zu einer Höhe der Entwicklung geführt wurde, von der man sich kaum vorstellen konnte, daß sie noch wesentlich zu überbieten war, wurde in der Dampfturbine eine seit alters her versuchte andersartige Dampfausnutzung für Kraftzwecke zur endgültigen technischen und wirtschaftlichen Lösung gebracht. Die Dampfturbine trat ihren Siegeszug an und veranlaßte auch Gebrüder Sulzer, ihren Bau aufzunehmen. Gleichzeitig wurde von seiten der Firma mit größter Aufmerksamkeit die Entwicklung im Gasmaschinenbau verfolgt. Die angestellten Versuche beweisen, wie eingehend man sich auch hiermit beschäftigt hat. Der Bau wurde aber doch nicht aufgenommen, dagegen fand man in dem Dieselmotor, der bei seinem Entstehen in der gesamten technischen Welt das größte Interesse gefunden hat, ein neues Arbeitsgebiet, wo die Firma selbst auch bald daran ging, sich an der weiteren Entwicklung zu beteiligen.

Im Anschluß hieran könnte man die Frage aufwerfen, warum die Firma sich nicht auch an dem zu so großer Bedeutung gelangten Bau von Wasserturbinen beteiligt habe. Der Gedanke liegt für eine Schweizer Firma ja ganz besonders nahe und hat in der Tat auch die Leiter mehrfach beschäftigt. Die Befürchtung, sich zu weit zu zersplittern, und vor allem wohl auch der Wunsch, mit den andern Schweizer Firmen, die Wasserturbinen bauen, die engen freundschaftlichen Beziehungen nicht zu trüben, führte bisher dazu, sich auf die Wärmekraftmaschinen zu beschränken.

Sehen wir uns nunmehr die technische Entwicklung im einzelnen etwas näher an, wobei naturgemäß die neueste Entwicklung nur gestreift werden kann, da sie noch zu sehr der Gegenwart angehört.

a. Erster Abschnitt (1851 bis 1866).

Als Charles Brown 1851 nach Winterthur kam, fand er eine kleine 4 pferdige Maschine vor, die aus Mülhausen stammte und mit dem Meyerschen Expansionsventil ausgerüstet war. Das Diagramm, Fig. 3, zeigt in der Kurve I den Zustand der Maschine, der, so unmöglich er uns heute erscheinen will, doch mehr oder weniger dem der meisten damaligen Schiebermaschinen entsprochen haben mag. Die Kanäle waren viel zu eng, die Schieber hatten keine Überdeckung und arbeiteten noch ohne Voreilen. Soweit es bei der alten Maschine zu machen war, verbesserte Brown die Dampfverteilung mit dem Ergebnis, das in Kurve II und III dargestellt ist. Damit hatte er zugleich auch gezeigt, was mit dem damals außerhalb Englands noch wenig angewandten Indikator im Dampfmaschinenbau zu machen war. Auch in England wußten noch verhältnismäßig wenige Firmen mit diesem für die ganze Entwicklung der Dampfmaschine so überaus wichtigen Instrument umzugehen. Bei Maudslay aber hatte Brown den Indikator in seiner verschiedensten Verwendung schätzen gelernt und ihn deshalb auch sofort in Winterthur eingeführt. Damit hatte er die Möglichkeit gewonnen, gleichsam in das Innere der Maschine hineinzusehen, die Arbeitsweise ihrer inneren Organe zu studieren und dementsprechend seine Maßnahmen zu treffen.

Es galt nun zunächst, eine Anzahl für die unmittelbare Verwendung in der Industrie besonders geeigneter Dampfmaschinenbauarten zu schaffen. Eine ganze Anzahl, in ihrer konstruktiven Durchbildung bereits sehr interessanter Dampfmaschinen stehender und liegender Bauart entstanden in den 50er Jahren bei

Gebrüder Sulzer. Die gewerblichen Betriebe begnügten sich damals noch mit sehr geringen Arbeitsleistungen. Mit den Augen unserer heutigen Zeit gesehen, handelte es sich zwei Jahrzehnte lang nur um „Kleindampfmaschinen“. Eine der ersten Aufstellungen Sulzerscher Dampfmaschinen umfaßt 12 Größen von $^1/_2$ bis 25 PS. Von 3 PS an wurden neben den stehenden Bauarten auch liegende Maschinen, bei denen der Maschinenrahmen schon sehr interessante Durchbildungen aufweist, gebaut. Die stehenden Maschinen waren entweder sog. Bockmaschinen oder Hammermaschinen. Auch hier zeigt das Maschinengestell schon Formgebungen, die von denen ihrer Zeitgenossen sich vorteilhaft unterscheiden. Bemerkenswert ist ferner das Bestreben, die Dampfmaschinen mit verschiedenen Arbeitsmaschinen zu einer einheitlichen Gesamtmaschine zu vereinigen, wie wir es heute mit Hilfe des Elektromotors in so viel bequemerer Form zu erreichen vermögen. So finden wir liegende Dampfmaschinen mit Zentrifugalpumpen oder Zentrifugen auf gemeinsamer Grund-

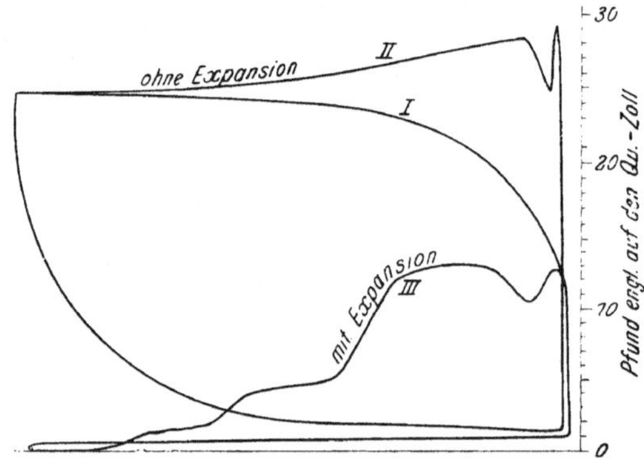

Fig. 3. Diagramm einer Schiebermaschine 1853.

platte gebaut. Auch Dampfmaschinen in unmittelbarer Verbindung mit dem Kessel wurden in dieser Zeit für gewerbliche Betriebe hergestellt. Stehende Dampfmaschinen, zusammengebaut mit einem stehenden Kessel, wurden in Größen von 1 bis 10 PS gebaut. Die Umlaufzahl der Maschine lag zwischen 150 und 100 in der Minute. Eine sehr interessante Kleindampfmaschine, bei der eine liegende Dampfmaschine auf dem Kessel angeordnet ist, zeigt Fig. 4 und 5. Den Dampf verteilt hier ein auf dem Zylinder angeordneter Drehschieber, der von einem Beharrungsregler, mit dessen Konstruktion sich Brown bereits Ende der 50er Jahre und Anfang der 60er Jahre befaßt hat, beeinflußt wird[1]).

Auch Lokomobilen, mit fahrbarem Untergestell oder auf Tragfüßen angeordnet, wurden schon in dieser Zeit ausgeführt. Um die Lokomobile auch in Betriebe einzuführen, die sie nur vorübergehend brauchten und sich deshalb zu einem Kauf nicht entschließen konnten, gab man sie auch mietweise ab.

Sulzers und Browns freundschaftliche Beziehungen zu dem großen elsässischen Gelehrten Hirn, durch dessen berühmte Versuche die Aufmerksamkeit von neuem auf die inneren Wärmevorgänge der Dampfmaschine gerichtet wurde und unsere Kenntnis auf diesem wichtigen Gebiet sehr beträchtlich erweitert wurde, mögen

[1]) s. Matschoß, Die Entwicklung der Dampfmaschine, Berlin 1908, Bd. II S. 200 und 201.

mit dazu die Veranlassung gegeben haben, auch nach dieser Richtung hin eingehende Versuche zu machen. Hierhin gehört in erster Linie die Benutzung der Expansion des Dampfes in mehreren Zylindern und die Dampfüberhitzung.

Die Woolfschen Maschinen mit 2 Zylindern galten Ende der 50er Jahre als die besten Maschinen, wenn große Kraftleistungen verlangt wurden. Sie brauchten wenig Kohlen und hatten gleichmäßigen Gang. Wir finden deshalb Woolfsche Maschinen vor allem in der Textilindustrie. Gute Woolfsche Maschinen aber zu bauen, war ein Vorrecht nur sehr weniger hervorragender Maschinenbauanstalten. Hierher gehört in erster Linie wieder die Firma Gebrüder Sulzer, deren von Brown konstruierte Woolfsche Tandemmaschinen mit Zwischenüberhitzung in den 60er Jahren sehr beachtenswert sind.

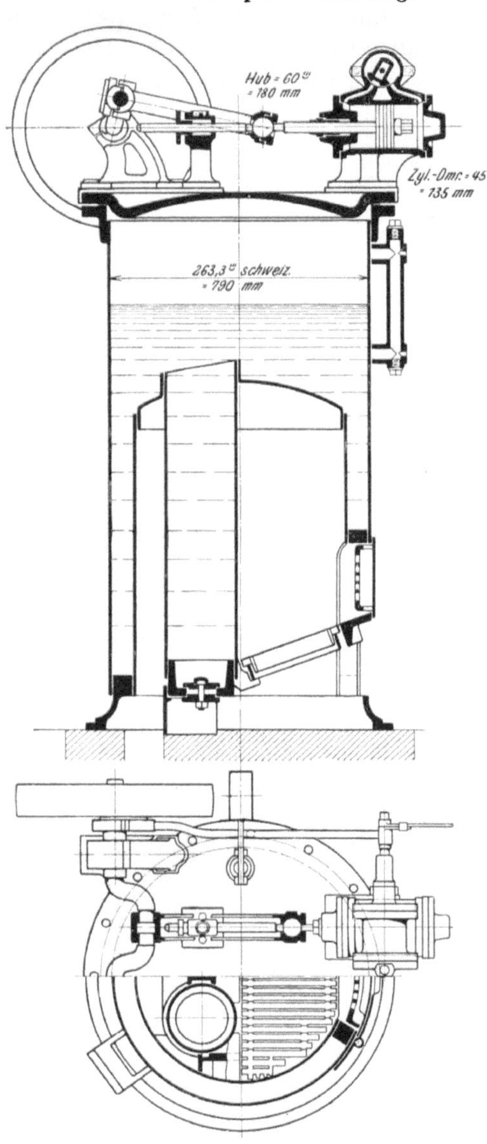

Fig. 4 und 5.
Kleindampfmaschine von Sulzer 1862.

Mit einer derartigen 60 PS-Dampfmaschine, die in einer Spinnerei in Betrieb gewesen ist, wurden 1863 ausgedehnte Versuche angestellt. Die Maschine (350 bzw. 750 mm Zyl.-Durchm. und 900 mm Hub; Zylinderverhältnis 1:4) lief mit 30 Uml./min und leistete bei 5 bis $5^1/_2$ at Dampfspannung 80,8 PSi, von denen 42,4 auf den Hochdruck- und 38,4 auf den Niederdruckzylinder entfielen. Bei 95 bis 100° C Zwischenüberhitzung und sechsfacher Verdampfung wurden 1,57 kg Kohlen für 1 PSi-st verbraucht.

Die 15 pferdige Tandemmaschine von Jahre 1865 (Zyl.-Durchm. 216 bzw. 375 mm, Hub 690 mm, Zylinderverhältnis 1: 3) lief mit 65 Uml./min. Die Zylinder, Fig. 6 bis 9, liegen unmittelbar hintereinander. Der Deckel des Niederdruckzylinders dient zugleich als Verbindungsstück zwischen beiden Zylindern. Den Dampf verteilen seitlich angebrachte, von der Kurbelwelle aus durch Exzenter angetriebene Schieber. Der Niederdruckzylinder arbeitet mit fester Expansion. Die Füllung im Hochdruckzylinder kann vom Regulator aus durch ein vor dem Muschelschieber liegend angeordnetes Rohrventil beeinflußt werden. Das Ventil wird mit unrunder Scheibe und einer Ausklinkvorrichtung betätigt. Diese Scheibe wird von einem Porterregulator aus mit Hilfe eines Wendegetriebes, das aus vier konischen Zahnrädern besteht, verdreht. Der Dampf strömt vom Kessel durch den auf den Niederdruckzylinder senkrecht aufgebauten Zwischenbehälter zum

Hochdruckzylinder, von da durch die 352 Röhren ($^3/_8$ Zoll engl. Durchm.) des Zwischenbehälters, die somit vom Kesseldampf umspült werden, und gelangt dann in den Niederdruckzylinder. Von hier strömt er nach getaner Arbeit in den unter der Maschine liegenden Kondensator, der aus einem weiten, nach der Luftpumpe zu abfallenden Rohr besteht. Die Gesamtanordnung weicht sonst nicht von der damals üblichen ab, nur ist im Gegensatz zu sonstigen Ausführungen eingleisige Kreuzkopfführung, wie bei Schiffsmaschinen üblich, angewandt.

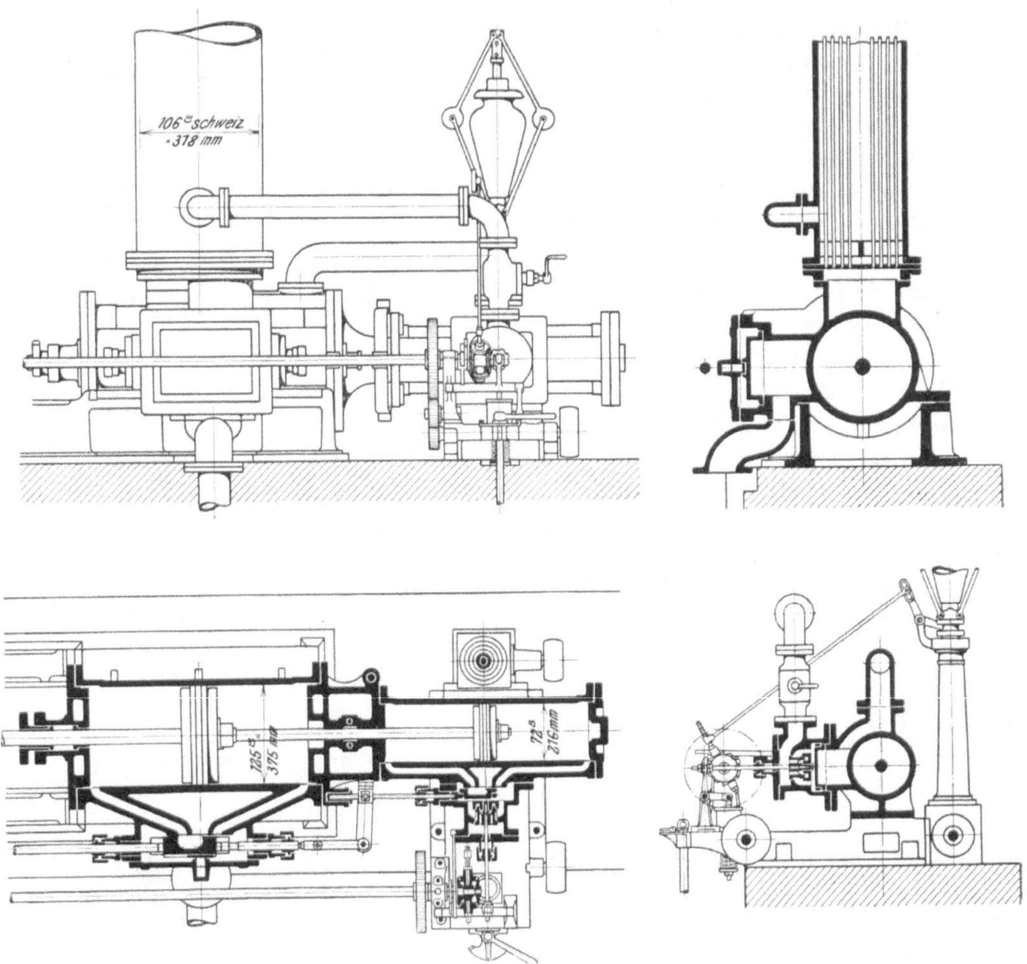

Fig. 6 bis 9. Woolfsche Maschine von Gebr. Sulzer 1865.

Die Zylinderanordnung einer 1866 ausgeführten 40pferdigen Woolfschen Maschine zeigen die Fig. 10 bis 12. Die Maschine ist noch heute im Betrieb. Der Zwischenbehälter liegt hier unter dem Zylinder; er stützt sich mit breiten Füßen auf das Fundament und trägt die Zylinder. Im Niederdruckzylinder wird der Dampf durch über und unter dem Zylinder angeordnete Schieber, beim Hochdruckzylinder durch Muschelschieber und darüber angebrachtes Expansionsventil verteilt. Eigenartig ist auch der Aufbau der Maschine. Ein freitragender Balken verbindet das Kurbellager mit der ganz aufliegenden Kreuzkopfführung, von der aus ein zweiter

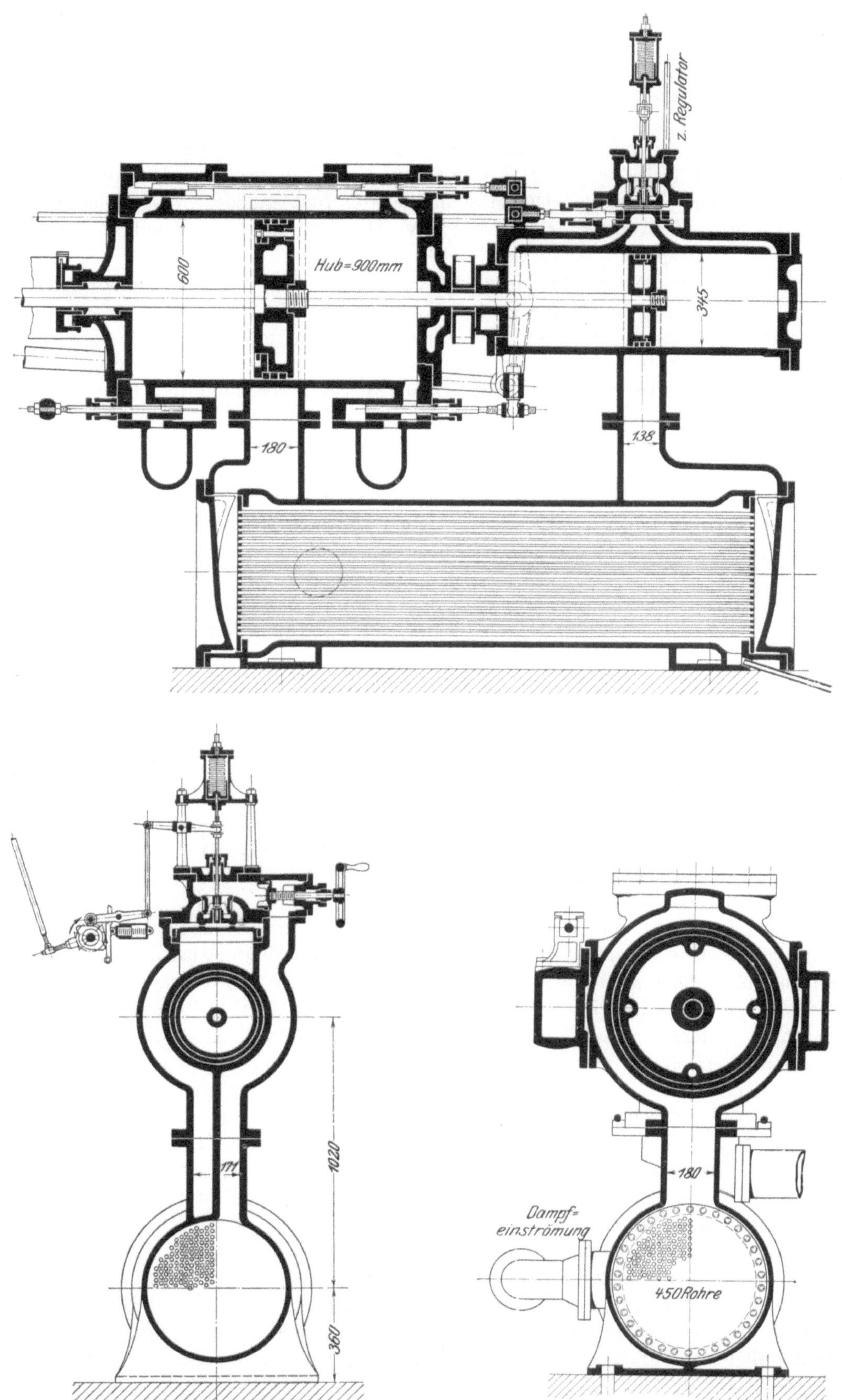

Fig. 10 bis 12. Woolfsche Maschine von Gebr. Sulzer 1866.

kürzerer und schwächerer Balken zum Niederdruckzylinder führt. Der Niederdruckzylinder liegt somit zwischen zwei Geradführungsbalken, deren Mittellinie in der Höhe der Zylindermittellinie liegt. Die Schieberbewegung wird von einem Exzenter mit Hilfe eines halbkreisförmig den Hochdruckzylinder umfassenden Schwinghebels abgeleitet. Die Maschine wurde 1906 indiziert. Die Diagramme, Fig. 13 und 14 zeigen die Arbeitsweise (Zyl.-Durchm. 345 bzw. 600, Hub 900 mm, Zylinderverhältnis 1: 3,14, 52 Uml./min).

Neben diesen Woolfschen Maschinen baute man aber bereits in den 60er Jahren Verbundmaschinen sowohl für Ruderradschiffe, bei denen die Zylinder, unter 90° geneigt, zu beiden Seiten der über ihnen angeordneten Kurbelwelle liegen, als auch für Fabrikbetriebe, bei denen man die stehende Bauart benutzte. Sehr bemerkenswert ist hier besonders die 1867 erbaute Verbundmaschine, die, für die eigene Werkstatt bestimmt, dazu ausersehen war, durch Versuche Vorteile und Nachteile der neuen Bauart festzustellen. Beide Zylinder (315 bzw. 600 mm Zyl.-Durchm., 690 mm Hub, Zylinderverhältnis 1: 3,6), Fig. 15 und 16, sind mit Dampfmänteln versehen, die ebenso wie der Zwischenbehälter vom Kesseldampf geheizt werden. Der über der Maschine angeordnete, schmiedeeiserne Zwischenbehälter, den ein gußeiserner Mantel umgibt, enthält noch quer durchgehende Stutzen, um die Wärmeabgabe des Heizdampfes zu vergrößern. Für den Niederdruckzylinder ist ein Pennscher Schieber mit zweifachem Dampfweg vorhanden, beim Hochdruckzylinder ein einfacher Muschelschieber, vor dem eine Drehschieberausklinksteuerung angebracht ist. Ein oszillierender Drehschieber wird unter Zwischenschaltung einer Ausklinkvorrichtung, die vom Regulator durch Verstellen eines Anschlagdaumens beeinflußt wird, durch unrunde Scheiben von der Kurbelwelle aus angetrieben.

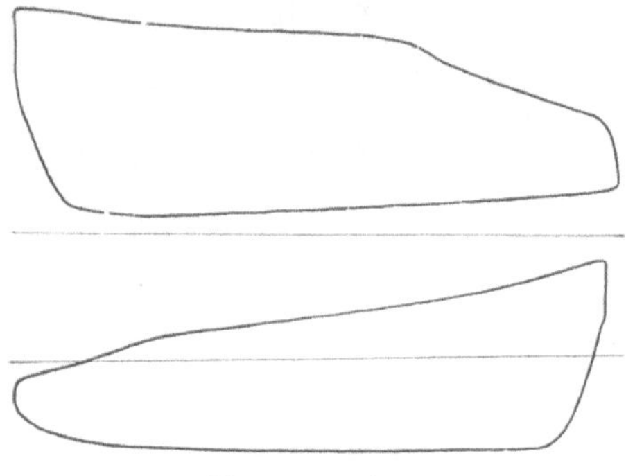
Fig. 13 und 14.
Diagramme zur Woolfschen Maschine.

Die Ergebnisse dieser Versuchsmaschine waren nicht ungünstig, übertrafen aber zunächst noch keineswegs im Brennstoffverbrauch die inzwischen mit größtem Erfolge eingeführten Ventilmaschinen, die mit Expansion in einem Zylinder teilweise überraschend geringe Verbrauchszahlen aufzuweisen hatten. Man glaubte deshalb, weitere Fortschritte durch höhere Dampfdrücke und weitgehende Expansion in einem Zylinder und nicht durch Verteilung der Expansion auf mehrere Zylinder erreichen zu können. Das war damals auch die Ansicht bedeutender Vertreter der Wissenschaft, und die eingehenden Versuche, wie sie Linde an einer Sulzermaschine in Augsburg 1871 angestellt hatte, schienen dieser Auffassung Recht zu geben. Die Folge war, daß die in den 60er Jahren so vielfach versuchte Mehrfachexpansionsmaschine in den 70er Jahren gegenüber der Einzelzylindermaschine zunächst ganz zurücktrat.

Gleichzeitig mit dem Bau der Zweifachexpansionsmaschinen ging man auch daran, Dampfüberhitzung einzuführen. Die treibende Kraft bei dieser Einführung war Gottlieb Hirzel, der Schwager Jakob Sulzers und der Freund Browns. Die ersten Ausführungen reichen bis zum Jahre 1862 zurück. Als Überhitzer benutzte man gußeiserne Rohre, mit kurzen gegeneinander versetzten Längsrippen. Form und Einbau dieser Überhitzer bei einem 1864 erbauten Walzenkessel zeigen die Fig. 35 bis 37, S. 47. Sie lassen auch gleichzeitig die Bauart der damals von der Firma am meisten ausgeführten Walzenkessel mit Treppenrostfeuerungen und zwei oben liegenden Speisewasservorwärmern erkennen. Der Kessel mit seinen Überhitzern ist noch bis vor wenigen Jahren in Betrieb gewesen. Auch bei den Lokomobilen versuchte man damals schon Dampfüberhitzung bei Gebrüder Sulzer zu benutzen. Die Fig. 17 und 18 zeigen eine dieser Konstruktionen aus dem Jahre 1862. Der Überhitzer ist hier in die vom Wasser überdeckte Rauchkammer eingebaut, eine Anordnung, wie sie bei den neuesten Lokomobilen wieder üblich ist. Die Dampfverteilung geschieht durch einfache Muschelschieber, die Regulierung erfolgt

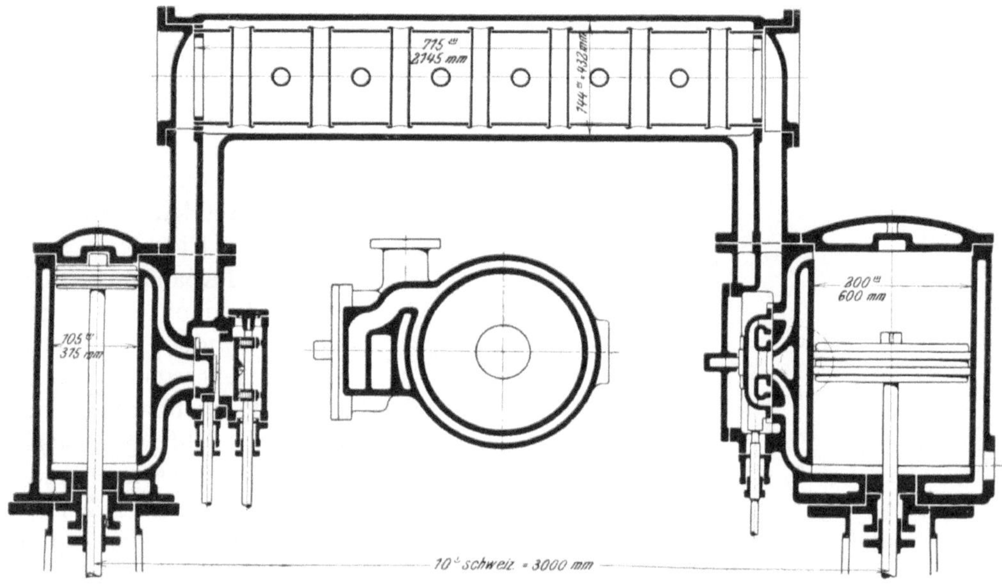

Fig. 15 und 16. Verbundmaschine von Gebr. Sulzer in Winterthur 1867.

durch einen Schwungringregulator, der, parallel zu der Zwillingsmaschine genau in der Mitte des Kessels angeordnet, unmittelbar auf einen Drosselschieber wirkte.

Hirzel, der, auch mit Hirn befreundet, schon damals alles daran setzte, der Dampfüberhitzung die Wege zu bahnen, gelang es, eine größere Zahl dieser Anlagen, besonders im Elsaß und in Italien, auszuführen. Seine kühnen Erwartungen teilte man von seiten der Firma allerdings noch nicht. Man überließ deshalb vollkommen seiner Initiative, die Überhitzung einzuführen, und begnügte sich, seinen Angaben entsprechend die Anlagen auszuführen. Bemerkenswert ist, daß Hirzel in ähnlicher Weise wie Watt und Corliß, um dieser Neuerung Eingang zu verschaffen, vom festen Verkaufspreise absah und sich meistens von der erzielten Kohlenersparnis bezahlt machte. Ganz besonders interessant aber ist es, daß diese frühzeitige Anwendung der Überhitzung mittelbar die Veranlassung gegeben hat zur Sulzerschen Ventilmaschine, mit der ein wichtiger Abschnitt in der Entwicklungsgeschichte eingeleitet werden sollte.

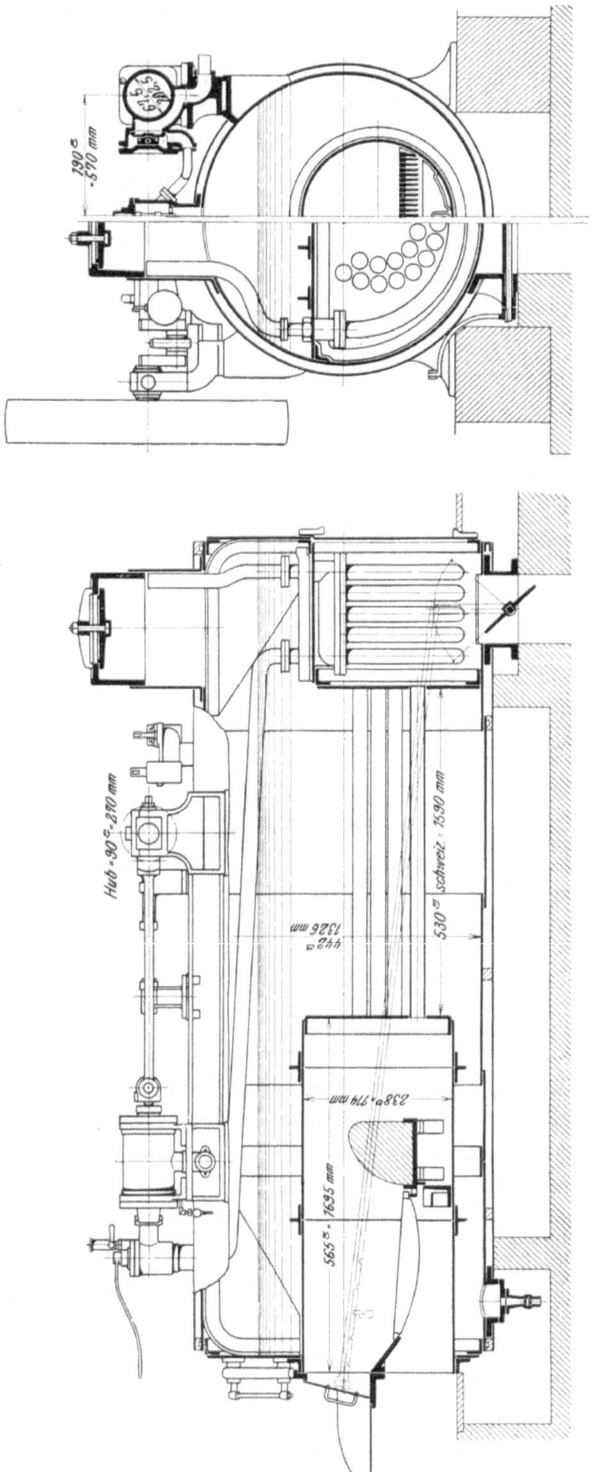

Fig. 17 und 18. Lokomobile mit Dampfüberhitzung von Gebr. Sulzer 1862.

b. Die Ventildampfmaschine.

Bisher hatte man ausschließlich alle möglichen Arten von Schiebersteuerungen gebaut. Neben den einfachen Muschelschiebern wurden die damals bekannten Expansionsschiebersteuerungen, in zum Teil sehr bemerkenswerter Form verändert, angewandt. Wir finden Meyersche Expansionsschieber mit rechtem und linkem Gewinde, die lange vor Meyer auch der große Schweizer Ingenieur Bodmer angegeben hatte, und ebenso den von Bodmer ebenfalls herrührenden, heute unter dem Namen Riderschieber bekannten Expansionsschieber. Den Grundgedanken der Farcotsteuerung finden wir in einer Schleppschiebersteuerung, bei der statt der drehbaren Daumen in der Längsrichtung verschiebbare Keile ausgeführt wurden. Aber mit all diesen Schiebersteuerungen wollte sich der überhitzte Dampf schwer befreunden. Brown wollte es daher einmal mit dem Ventil versuchen, das, von alters her bei den großen Wasserhaltungsmaschinen und auch Fördermaschinen verwendet, ihm aus seiner englischen Zeit sehr wohl bekannt war. Seinem konstruktiven Geschick gelang es, im Verein mit Heinrich Sulzer, aus dem allgemein üblichen Glockenventil das für die Ventilmaschine seitdem kennzeichnende Rohrventil zu bilden.

Der Firma Bestreben, eine neue, den Betriebsanforderungen mehr als bisher entsprechende Steuerung zu schaffen, wurde noch durch die Berichte über die großen Erfolge der Corlißmaschine wesentlich unterstützt. Der Ruf von den günstigen Ergebnissen, die Corliß mit seinen Maschinen in Amerika erreicht hatte, legte den Wunsch nahe, in Europa das Gleiche auf anderem Wege zu erreichen. ·Hier wurde nicht minder als in Amerika das Bedürfnis nach einer vom Regulator leicht beeinflußbaren Steuerung empfunden. Dies alles führte dazu, daß Gebrüder Sulzer schon anfangs der 60er Jahre sich sehr eifrig mit der Konstruktion von Ventilmaschinen beschäftigten, bei der vom Regulator aus der Füllungsgrad eingestellt werden sollte.

Die erste Sulzermaschine, bei der man Ventile benutzte, wurde 1865 fertiggestellt. Es war eine für damalige Verhältnisse sehr starke Maschine von etwa 160 PS. Der Zylinder stand unten und arbeitete auf eine oben liegende Kurbelwelle mit mächtigem Schwungrad. Die Welle wurde getragen von einem gußeisernen Rahmen, der sich auf zwei gußeiserne Säulen, die neben dem Zylinder aufgestellt waren, sowie auf die Mauern des Gebäudes stützte. Die Maschine hat von 1865 ohne Unterbrechung bis 1904 in der Spinnerei von Blumer & Biedermann zu Bülach bei Winterthur in angestrengtem Dienst gestanden. In dankenswerter Weise haben Gebrüder Sulzer sie dem Deutschen Museum in München überwiesen, wo sie heute als ein Meisterwerk aus der damaligen Zeit die Möglichkeit bietet, den Stand des Maschinenbaus in den 60er Jahren zu studieren. Die Dampfverteilung geschieht hier durch vier Ventile, die zu beiden Seiten des Zylinders oben und unten angeordnet sind. Die Steuerung hat noch nichts mit der auslösenden Ventilsteuerung, die wir heute als Sulzersteuerung bezeichnen, zu tun. Es ist eine einfache Knaggensteuerung, bei der mit Hilfe von Hebeln die federbelasteten Ventile von einer neben dem Zylinder liegenden Steuerwelle aus durch unrunde Scheiben betätigt werden. Ausführliche Versuche an dieser Maschine wurden im Herbst 1865 angestellt, bei der sich Leistungen zwischen 106 und 237 PSi, Dampfverbrauchszahlen von 9 bis 12,75 kg für 1 PSi-st ergaben. Der Kohlenverbrauch wurde bei 194 PSi zu 1,385 kg für 1 Psi-st ermittelt.

Damals hatten sich bereits die liegenden Maschinen gegenüber den stehenden Maschinen mit oben liegender Kurbelwelle immer mehr als Betriebsmaschinen eingeführt. Es lag deshalb nahe, die Ventilsteuerung auch dieser Bauart anzupassen. Den vereinten Bemühungen Browns und Heinrich Sulzers gelang es, eine in verschiedenster Hinsicht neuartige Dampfmaschine zu schaffen, die maßgebenden Einfluß auf die weitere Entwicklung gehabt hat. Diese erste eigentliche „Sulzermaschine" zeigt Fig. 19 bis 23 in der Ausführung, wie sie zuerst 1867 auf der Pariser Ausstellung die Aufmerksamkeit weiter Kreise erregte. Neu war vor allem der freitragende hohle Gußbalken mit Rundführung und der unmittelbare Antrieb der über und unter dem Zylinder angeordneten Ventile von einer längs der Maschine in Höhe der Zylinderachse gelagerten Steuerwelle, von der die Ventile mit Hilfe schräggestellter Steuerstangen bewegt wurden. Die konstruktive Ausbildung des Balkens mit Rundführung rührte in der Hauptsache von Charles Brown her, während Heinrich Sulzer die für alle späteren Ausführungen grundlegende einfache Steueranordnung gegeben hat. Sehr interessant ist es, aus den Zeichnungen zu ersehen, in wie verschiedener Weise die Aufgabe, eine liegende Ventilmaschine zu schaffen, angepackt wurde. Zunächst beabsichtigte man, die Steuerwelle unmittelbar über den Einlaßventilen anzuordnen und von unrunden Scheiben, die in entsprechende Aussparungen der Ventilspindeln eingriffen, die Ventile heben zu lassen. Die Auslaßventile sollten vom Ende der Steuerwelle aus durch eine Kurbel und Zwischenhebel bewegt werden. Die Steuerung, zu der drei konische Räderpaare gehörten,

Fig. 19. Erste liegende Ventildampfmaschine, Bauart Sulzer, 1866.

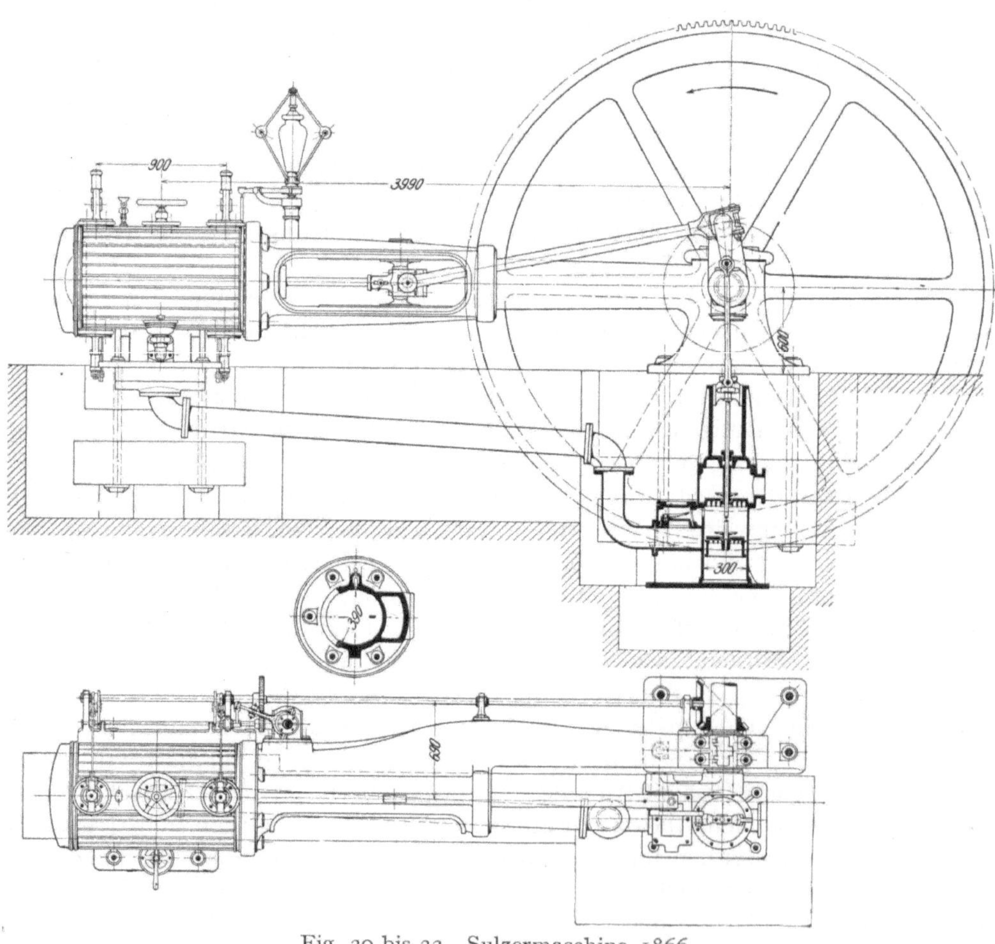

Fig. 20 bis 22. Sulzermaschine 1866.

erwies sich als zu verwickelt. Auch von dem anfangs geplanten, ganz aufliegenden Balken mit gesucht geradliniger Formgebung ging man wieder ab.

Die Steuerung von 1866 entspricht in ihrer Anordnung noch der vorher erwähnten stehenden Maschine. Der Regulator beeinflußt den Füllungsgrad insofern, als er den Ausschlag der Steuerstange und damit den Zeitpunkt des Ventilschlusses verändert. Als Regulator dient hier bereits der aus Amerika über-

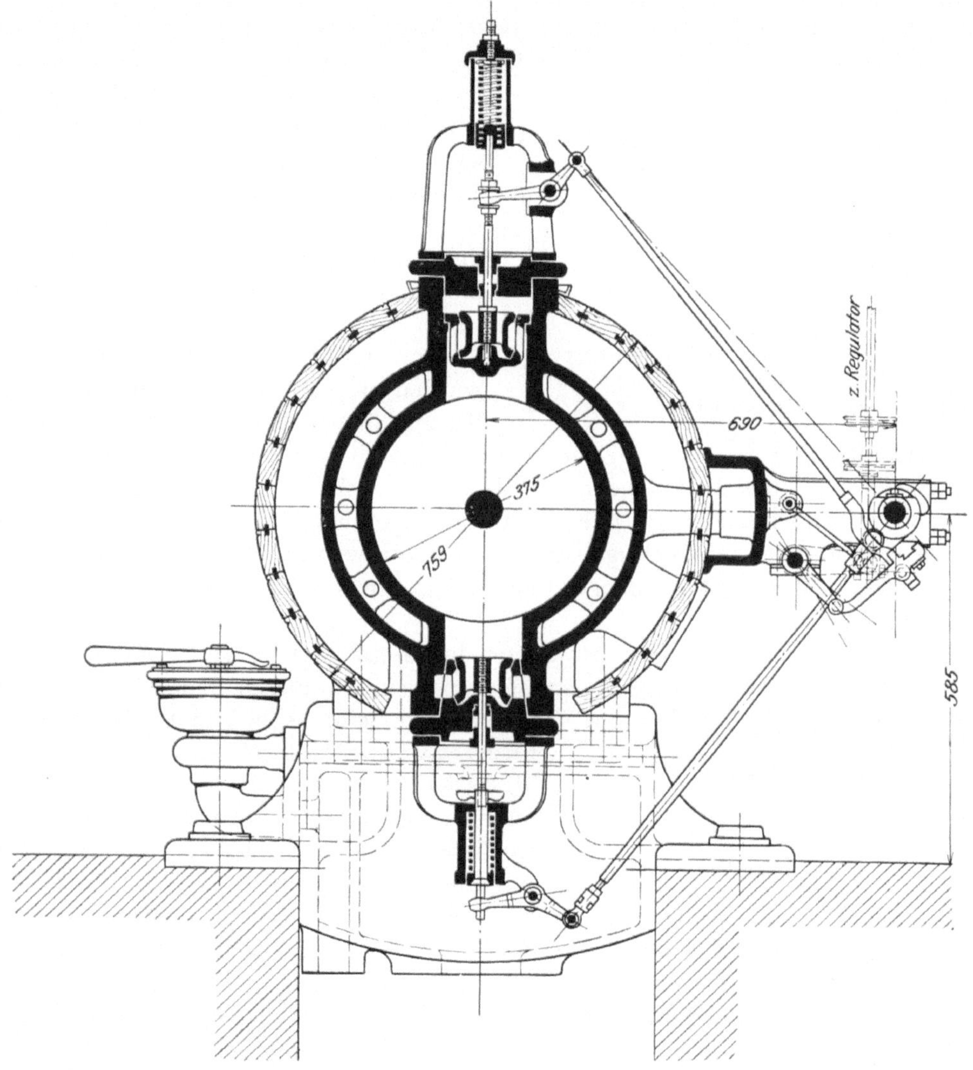

Fig. 23. Zylinder und Steuerung zur Sulzermaschine 1866.

nommene Porterregulator, der von der Steuerwelle aus angetrieben wird. Die Steuerung arbeitet mit konstantem Voreilen. Die Füllung ließ sich zwischen 0,05 und 0,25 verändern. Besonders günstig wirkten auch die kleinen schädlichen Räume, die nicht mehr als 3 vH des Zylinderinhaltes ausmachten. Die Hauptabmessungen der Maschine betrugen: Zyl.-Durchm. 375, Hub 900 mm. Die Dampfeinströmungsöffnung war 1/25, die Dampfausströmungsöffnung 1/22 vom Zylinderquerschnitt. Die Maschine lief mit 50 Umdrehungen in der Minute, der Regulator mit 240. Das bereits sehr gut gearbeitete Zahnschwungrad maß 3,65 m im Durchmesser und wog 3250 kg. Bei 5 at Überdruck, 0,1 Füllung und 50 Uml./min leistete die Maschine 45 PSi. Was den Brennstoffverbrauch anbelangt, so wurde zunächst nur angegeben, daß derselbe unter 1,5 kg Kohlen für 1 PS-st bleiben werde. Mehrtägige sorgfältige Versuche im August 1868 ergaben als günstigsten Wert bei durchschnittlicher Tagesleistung von 56 PSi ohne Anheizen und mit Abzug der Schlacken 0,79 kg für 1 PSi-st. Bei Leistung von 32,5 PSi stellte sich der Kohlenverbrauch auf 1 kg. Der günstigste Wert mit Anheizen und ohne Abzug der Schlacken betrug 0,96 kg. Die Güte der Dampfverteilung läßt Diagramm Fig. 24 dieser Maschine, das am 6. März 1868 bei voller Belastung genommen wurde, erkennen. Ebenso interessant sind die zehn Jahre später von der Maschine genommenen Ventilerhebungskurven, Fig. 25. In ihren Einzelheiten wurde die Steuerung in den nächsten Jahren noch mehrfach verändert. Die Vorteile, die bereits mit diesen ersten Ventilmaschinen erreicht wurden, waren auffallend groß. Die Regulierung übertraf bei weitem das bisher durchschnittlich Erreichte. Die vorzügliche Ausführung der Einzelteile, der sorgfältige Wärmeschutz des Zylinders, des Dampfmantels, der schädlichen Räume zusammen mit der zweckentsprechenden Dampfverteilung ermöglichten einen für damalige Verhältnisse sehr geringen Kohlenverbrauch. Versuche mit Maschinen von 30 bis etwa 60 PS ergaben einen durchschnittlichen Kohlenverbrauch von 0,976 kg für 1 PSi-st.

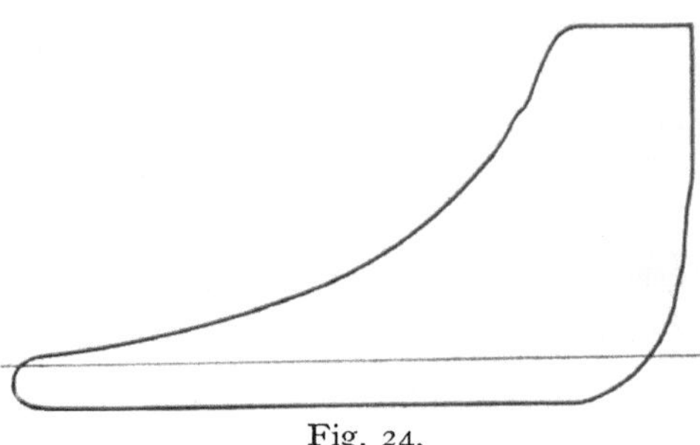

Fig. 24.
Diagramm der Sulzermaschine Fig. 19, 1866.

Mit Recht konnten Gebrüder Sulzer in ihrem Bericht von Januar 1869 behaupten, daß diese Betriebsergebnisse von keiner anderen Konstruktion übertroffen würden. „Eine Maschine von 100 PS," heißt es in der Druckschrift der Firma, „welche $^1/_2$ kg Kohlen für Pferd und Stunde weniger braucht als andere gute Maschinen, erspart im Jahre 180 000 kg Kohlen." In dieser Tatsache lag neben der vorzüglichen Regulierung die große Werbekraft der neuen Dampfmaschine. Bis Ende 1872 waren schon nahezu 100 Ventilmaschinen in Größen von 15 bis 200 PS im Betriebe. Die Berichte über die Ausstellung 1867 bezeichnen diese Maschine „als in allen Teilen vortrefflich überdacht und ausgezeichnet schön gearbeitet". Die Vorliebe für elegante Formgebung, die Brown stets als Kennzeichen guter Konstruktion ansah, ist bis heute für die Sulzermaschine kennzeichnend geblieben.

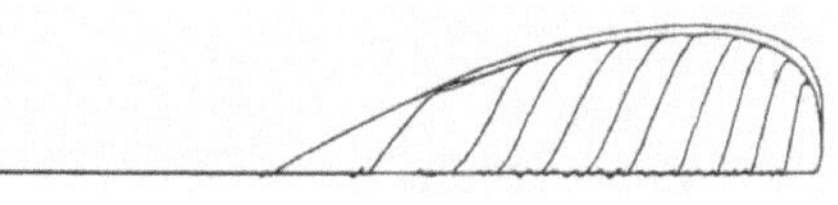

Fig. 25. Ventilerhebungen.

Auch Corliß, der diese Sulzerventilmaschine und ihre Konstrukteure Brown und Heinrich Sulzer 1867 in Paris kennen lernte, sprach damals rückhaltlos seine Anerkennung aus. Er glaubte aber, daß es sich hier doch mehr um eine zwar vorzügliche, aber doch vorübergehende Einzelleistung handele, die sich dauernd nicht praktisch einführen würde. Natürlich war Brown vom Gegenteil überzeugt. Und so bot er Corliß an, ausgedehnte Versuche sollten entscheiden, ob es ratsam sei, die Ventilmaschine weiter auszubilden oder die Erlaubnis zum Bau der Corlißmaschine für die Firma zu erwerben. Corliß ging darauf ein und ließ nach seinen

Plänen eine Maschine in Belgien erbauen. Die Versuche wurden in Winterthur während der Nacht, um den Betrieb nicht zu stören, durchgeführt. Sie ergaben einen wesentlich geringeren Dampfverbrauch der Ventilmaschine der Corlißmaschine gegenüber. Die Ergebnisse wurden Corliß mitgeteilt und man bat ihn wiederholt, einen Fachmann zu senden, der die Versuche wiederholen sollte. Aber, sei es nun, daß Corliß die ganze Angelegenheit vergessen hatte, oder daß er ihr keine große Be-

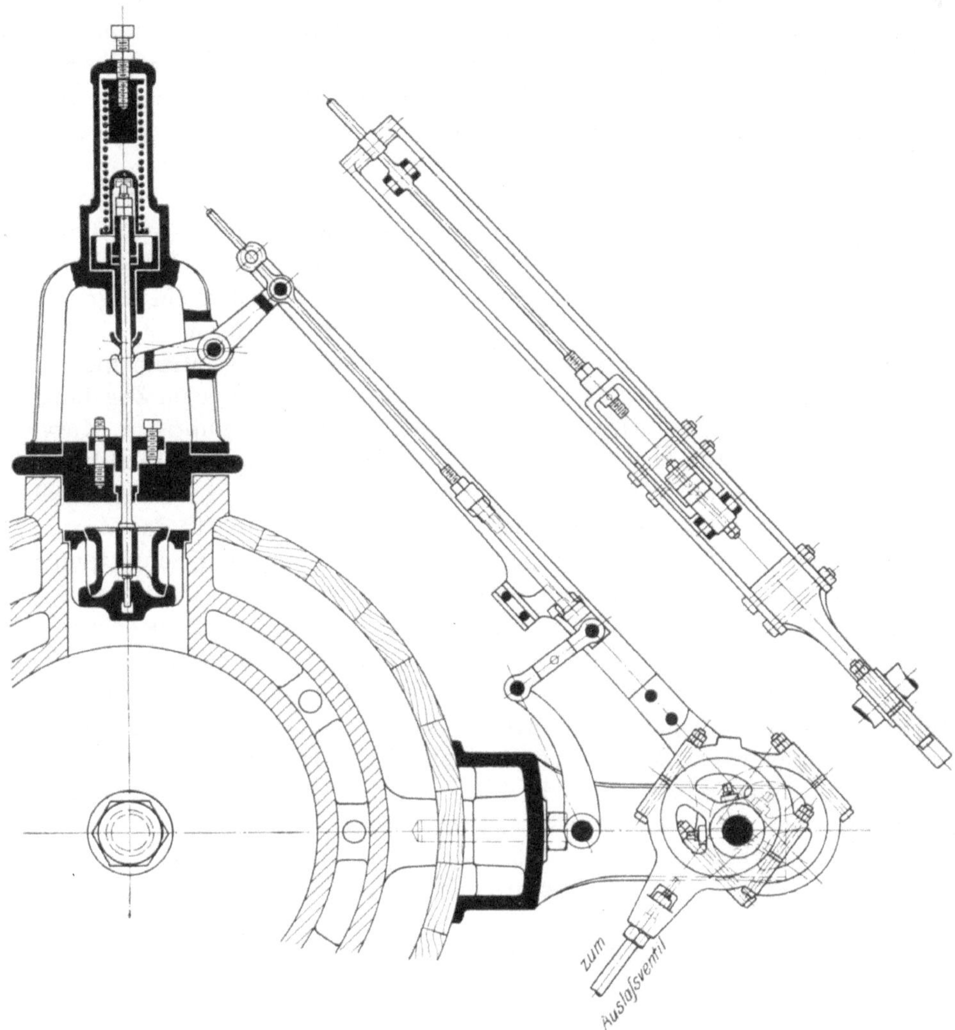

Fig. 26 und 27. Alte Sulzersteuerung 1871.

deutung beilegte, er antwortete nicht. Und so führte dann das Ergebnis der Versuche die Firma noch weiter zu der Überzeugung, daß die Ventilmaschine der Corlißmaschine zum mindesten gewachsen, wahrscheinlich ihr aber überlegen sei.

Es galt jetzt, die bei der Pariser Maschine sich noch bemerkbar machenden Übelstände zu beseitigen. Diese bestanden hauptsächlich in den zu engen Füllungsgrenzen und in der sehr starken Rückwirkung der Steuerung auf den Regulator. Brown gelang es, beide Übelstände in genialster Weise durch die in der Fig. 26 und 27 abgebildete Steuerung zu beseitigen.

Es handelt sich hier bereits um eine Ausklinksteuerung, bei der im Gegensatz zu den damals ausgeführten Corlißsteuerungen nicht eine freifallende Klinke, sondern eine zwangläufig bewegte Klinke angeordnet ist. Außer der Corlißsteuerung ist wohl kaum eine andere Dampfmaschinensteuerung soviel angewandt und nachgeahmt worden.

Den ersten Schritt zu diesen Verbesserungen finden wir schon bei der 1870 in Betrieb gesetzten 400 PS-Zwillingsmaschine der Kammgarnspinnerei Augsburg. Diese Maschine ist auch dadurch bemerkenswert, daß an ihr sehr ausgedehnte Versuche von C. Linde 1871 angestellt wurden, die zu den ersten neueren Dauerversuchen zu rechnen sind, die, in wissenschaftlich gründlicher und einwandfreier Form angestellt, unsere Kenntnis von den inneren Vorgängen in der Maschine erweitert haben.

Bei der „alten" Sulzersteuerung vom Jahre 1871 werden die Auslaßventile ebenso wie die Einlaßventile vom Exzenter aus bewegt. Die Steuerstange der Einlaßventile ist rahmenartig ausgebildet und wird, oben gleitend, an dem Ende einer zweiten Stange geführt, die nun ihrerseits an den Ventilhebeln angreift. Die Exzenterstange trägt in ihrer Mitte den aktiven Mitnehmer, der elliptische Kurven beschreibt. Er stößt bei der Steuerbewegung auf den passiven Mitnehmer, der in der rahmenartigen Erweiterung der an den Ventilhebeln angreifenden Zugstange angebracht ist und fast genaue Kreisbogen macht. Sobald die elliptische Kurve die Klinke des passiven Mitnehmers erreicht, hebt die Steuerung das Ventil. Ist die Kante des passiven Mitnehmers an dem unteren Schnittpunkt der Bahn angekommen, so verlassen sich die Anschlagflächen. Die Federkraft schließt das Ventil. Der Regulator kann den getriebenen Anschlag verstellen und damit den Schnittpunkt der beiden Bewegungskurven verschieben, wodurch der Schluß des Ventils und somit der Füllungsgrad festgelegt wird. Diese alte Sulzersteuerung, auch Schienensteuerung genannt, wurde zuerst 1873 auf der Wiener Ausstellung weiteren Kreisen bekannt. Rühmend wurde die geringe Rückwirkung auf den Regulator hervorgehoben sowie die rasche und vollkommene Öffnung der Eintrittsventile, die eine sehr vorteilhafte Dampfverteilung ergaben. Füllungsgrade von 0 bis 80 vH ließen sich erreichen. Mit dieser Ventilmaschine schloß auch die Tätigkeit von Charles Brown innerhalb der Firma Gebrüder Sulzer ab. Als sein Nachfolger ist W. Züblin, anzusehen, der, bis heute innerhalb der Firma tätig, mit bestem Erfolge weiter an der Ausgestaltung des Dampfmaschinenbaues in konstruktiver und wärmetechnischer Hinsicht gearbeitet hat[1]).

Bei höheren Umlaufzahlen und größeren Abmessungen der Maschine machte sich ein starker Stoß der Steuerungen bemerkbar. Die Geschwindigkeit, mit der die beiden Anschläge aufeinander trafen, sowie die großen bewegten Massen, die beim Öffnen und Schließen des Ventils zu beschleunigen und zu verzögern waren, waren die Ursache hierfür. Man ging deshalb daran, die Steuerung so umzugestalten, daß die Ausklinkung am Ventilhebel selbst vor sich gehen konnte. Nach dieser Richtung hin hat nun die Steuerung sehr interessante Veränderungen er-

[1]) Wilhelm Züblin, geb. 1846 in Neapel, besuchte das Polytechnikum in Zürich, um dann als Konstrukteur einer englischen Firma in Neapel tätig zu sein. 1867 kam er als Konstrukteur zu Gebrüder Sulzer, um aber bald als Zeuners Assistent nach Zürich zu gehen. 1868 ging er sodann in selbständiger Stellung in eine Maschinenfabrik in Warschau, wo er unter eigener Verantwortlichkeit selbständig arbeiten konnte. 1872 finden wir ihn wieder bei Gebrüder Sulzer als Nachfolger von Brown.

fahren, die schließlich zu der „neuen" Sulzersteuerung führten, die zuerst 1878 auf der Pariser Weltausstellung vor die große Öffentlichkeit trat. Die Verlegung der Klinke nach oben, die Grundidee der neuen Steuerung, rührt von Züblin her, Fig. 28. Der verschiebbare Gleitbacken ist hier durch eine drehbare Klinke ersetzt, ebenso wie vorher der Backen, der durch den Exzenter von der Steuerwelle aus bewegt wird, während

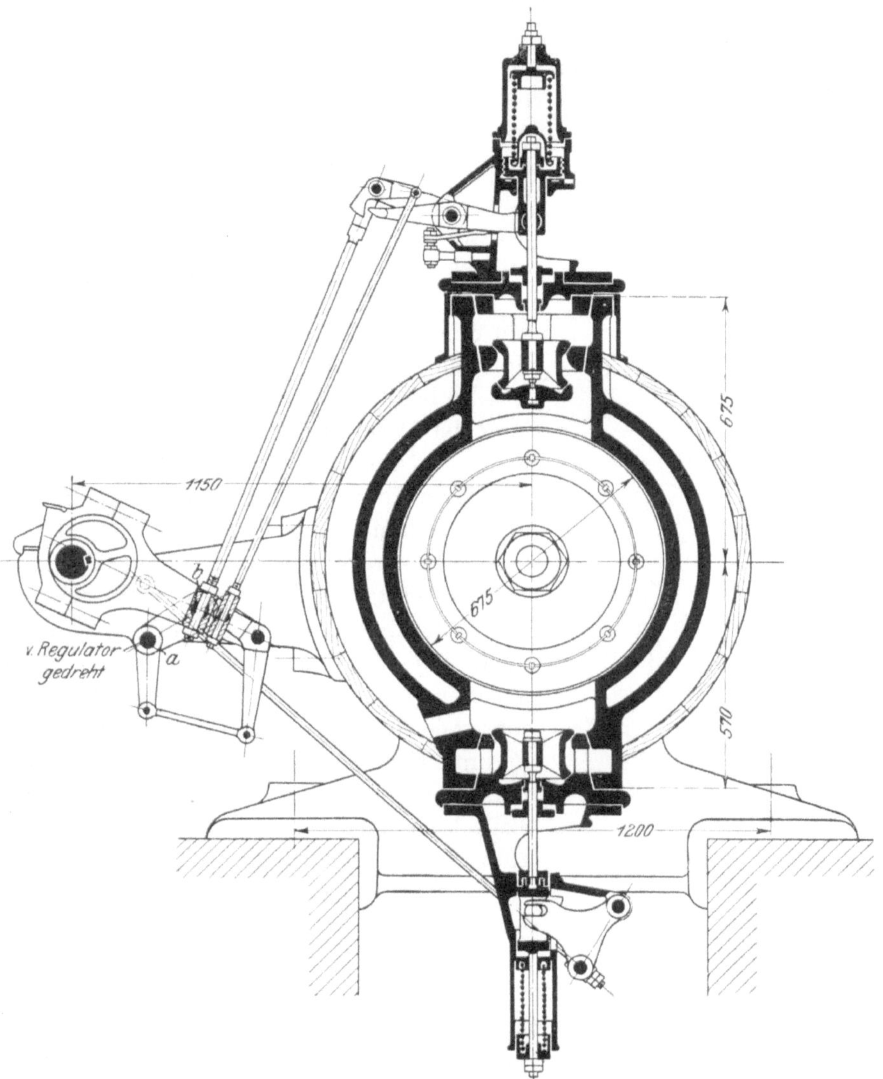

Fig. 28. Sulzersteuerung 1877.

sie gleichzeitig noch eine zweite auch vom Exzenter abgeleitete Bewegung ausführt. Aus diesen beiden Bewegungen ergibt sich eine geschlossene herzförmige Kurve, nach deren Form diese Steuerung auch als Herzkurvensteuerung bezeichnet wird. Die Abnutzung der berührenden Teile ist sehr gering, da die Mitnehmer sich in breiter Fläche berühren. Die Einwirkung des Regulators erfolgt hier durch Verstellung des aktiven und nicht wie früher des passiven Mitnehmers. Um möglichst geringe Stoßgeschwindigkeit zu erzielen, läßt man nicht unmittelbar das Exzenter an der Klinke angreifen, sondern schaltet wie bei den Corlißmaschinen einen Kniehebel dazwischen. Diese Steuerung vom Jahre 1878 wurde dann mit Rücksicht auf einfachere Ausführung nach Vorschlag von Oberingenieur Schübeler 1881 durch eine andere Bauart ersetzt, bei der die Exzenterstange unmittelbar mit der Klinke in Verbindung steht, Fig. 29. In neuerer Zeit aber wird die Steuerung vom Jahre 1878 wieder häufiger, besonders bei schneller gehenden Maschinen, angewendet. Die letzte wesentliche konstruktive Änderung der Sulzersteuerung, die heute bei ganz großen Maschinen angewendet und als Wälzhebelauslössteuerung ausgeführt ist, konnte auf der Pariser Ausstellung 1900 gezeigt werden. Diese Bauart, Fig. 30, steht der Herzkurvensteuerung vom Jahre 1877, was die Ausklinkanordnung anbelangt, nahe. Sehr bemerkenswert sind bei dieser Maschine auch die hier angewendeten viersitzigen Ventile, die bei den großen Abmessungen der Maschine sich als notwendig erwiesen.

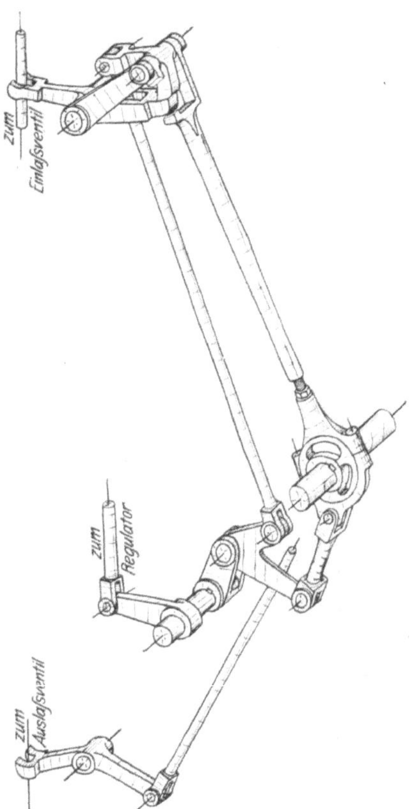

Fig. 29. Sulzersteuerung 1881.

Neben dieser Ventilsteuerung baute die Firma seit den 70er Jahren auch Ventilsteuerungen für Fördermaschinen (Umsteuerung Züblin).

So bedeutsam auch für die weitere Entwicklung der Dampfmaschine alle diese Steuerungen waren, so konnten sie naturgemäß doch nur in richtigem Zusammenhang mit der Durchbildung der ganzen Maschine den großen Ruf der Sulzermaschine begründen und erhalten. Man war sich in Winterthur stets sehr wohl bewußt, daß es mit der Steuerung allein nicht getan sei, und so finden wir, wenn wir die lange Reihe der Maschinen an uns vorüberziehen lassen, auch sehr wesentliche Verbesserungen in der Durchbildung der ganzen Maschine. Gutes Material und sehr sorgfältige Bearbeitung der einzelnen Teile haben dann ihrerseits nicht am wenigsten zum Erfolg beigetragen.

In die 70er und 80er Jahre fällt sodann eine wesentliche Steigerung der Maschinenleistungen. Die Fabrikbetriebe waren sehr gewachsen. Die Vorteile einer zentralen Krafterzeugung wurden immer mehr erkannt und so mußte man daran gehen, Maschineneinheiten zu bauen, die man kurz vorher noch für unmöglich gehalten hatte. Statt der Einzylindermaschine wendete man in dieser Zeit auch wieder mehrfach Zwillingsmaschinen an, um so größere Leistungen unter Vermeidung zu großer Zylinderabmessungen zu erhalten. Dadurch kam man auch wieder von neuem auf die Verbundmaschinen zurück. Schon 1874 hatte Züblin einen ausführlich begründeten Vorschlag ausgearbeitet, eine geplante Einzylindermaschine, die man mit 20 at Dampfdruck hatte betreiben wollen, unter Beibehaltung der Drucksteigerung als Verbundmaschine auszuführen. Der wissenschaftlich in jeder Hinsicht höchst bemerkenswerte Aufsatz zeigt, wie klar Züblin das Wesen der neuzeitigen Verbundmaschine bereits damals erfaßt hatte. Entscheidend und neu war der Vorschlag, auch am Niederdruckzylinder Expansionssteuerung anzuwenden, und die Diagramme so ausreguliert auszuführen, daß das Hochdruckdiagramm eine Spitze aufweist, um dadurch die Verluste zwischen beiden Zylindern so viel als möglich zu verbessern. Züblin war auf diese Untersuchung durch die Beobachtung geführt worden, daß der wirkliche Dampfverbrauch bei Einzylindermaschinen mit steigender Füllung sich dem theoretischen immer mehr nähere. Allerdings suchte sich Züblin damals, im Gegensatz zu späterer Erkennt-

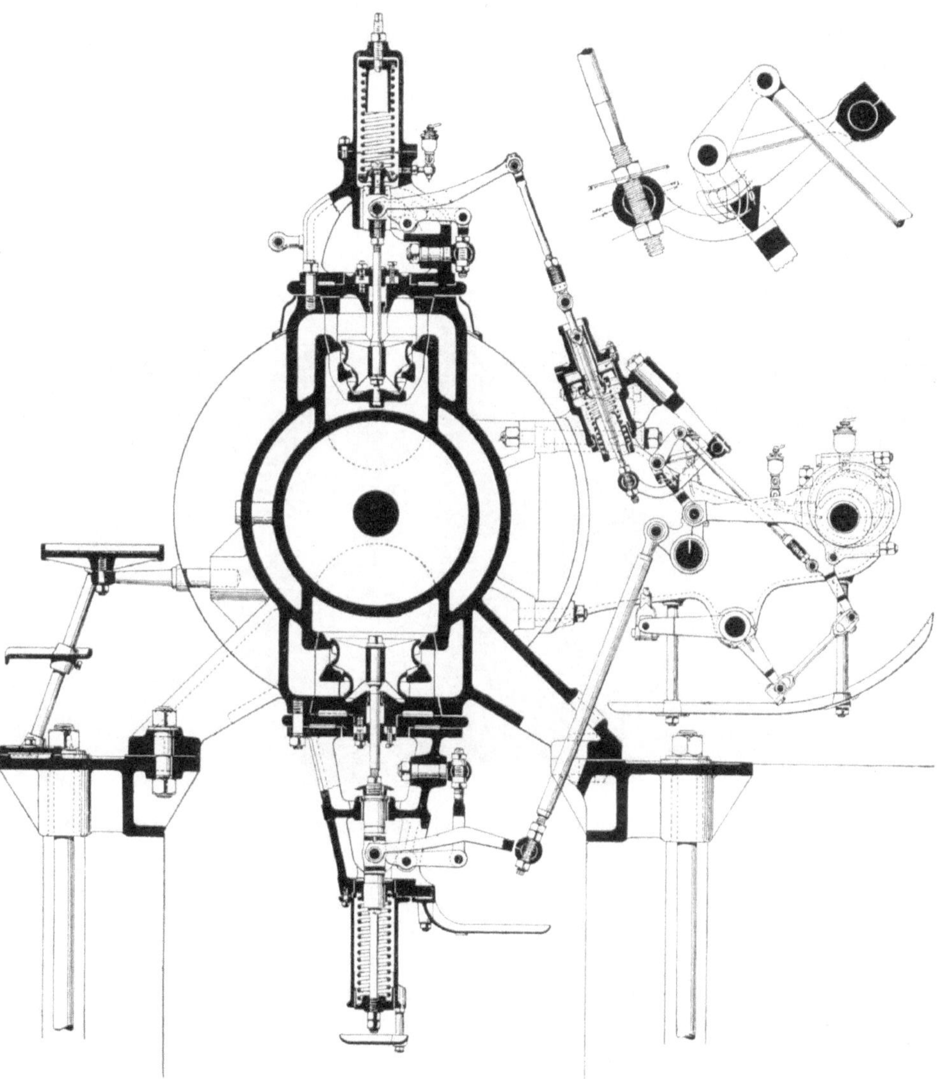

Fig. 30. Sulzersteuerung 1899.

nis der Innenkondensation, diese Erscheinung noch durch Annahme verhältnismäßig geringeren Dampfverlustes durch Kolben und Ventile bei entsprechend höheren Füllungen zu erklären. Diese irrtümliche Ansicht hinderte ihn jedoch nicht, die richtigen Folgerungen aus den Beobachtungen zu ziehen. Genau derselbe Gedankengang ließ sich dann auch auf die Drei- und Vierfachexpansionsmaschine anwenden.

1876 wurde die vorher erwähnte Hochdruckeinzylindermaschine in eine Hoch- und Niederdruckmaschine nach dem Züblinschen Vorschlag umgebaut, und eingehende Versuche legten die Vorteile der so entstandenen neuen Verbundmaschine klar. Die Zylinder (240 bzw. 404 mm Zyl.-Durchm. und 750 mm Hub) lagen hintereinander und waren mit Dampfmantel versehen und die Kolbenstangen lösbar gekuppelt, so daß man leicht den Niederdruckzylinder ausschalten konnte. Die Dampfverteilung besorgte bei beiden Zylindern eine Sulzersche Ventilsteuerung. Bei 5,3 at Eintrittsspannung und 75 Uml./min leistete die Maschine 51,4 PSi und brauchte 7,93 kg Speisewasser und 0,8 kg Kohlen für 1 PSi-st. Die Temperatur des Speisewassers betrug 11,9° C, die Temperatur der Rauchgase im Fuchs 194° C. Eine 9,9fache Verdampfung wurde festgestellt.

Noch günstiger fielen die Versuche an zwei 1878 bis 1881 nach Nocera bei Neapel

Fig. 31. Sulzermaschinen im Elektrizitätswerk Moabit-Berlin. 18000 PS.

gelieferten Verbundmaschinen von 350 und 450 PS aus. Auch diese waren Tandemventilmaschinen. Die eine (550 und 1002 mm Zyl.-Durchm. bei 1,5 m Hub, Zylinderverhältnis 3,4) leistete im Mittel 340 PSi, die andere 372 PSi (625 und 1000 mm Zyl.-Durchm., 1,5 m Hub, Zylinderverhältnis 2,6). Der Speisewasserverbrauch ergab sich zu 6,39 und 6,22, der Kohlenverbrauch zu 0,67 und 0,65 kg bei 9,5facher Verdampfung; einschließlich Anheizen erhöhten sich die letzten Zahlen auf 0,71 und 0,69 kg. Die Garantie von 0,85 kg Kohlenverbrauch wurde also erheblich unterschritten.

Besonders überraschten damals die günstigen Ergebnisse, da man auch bei ausgeschaltetem Niederdruckzylinder einen Speisewasserverbrauch von 7,7 und einen Kohlenverbrauch von 0,81 kg erreichte. Erst viele Jahre später, als man sich entschloß, durch Einbau einer direkt geheizten Überhitzeranlage die Wirtschaftlichkeit der Anlage noch weiter zu erhöhen, entdeckte man die eigentliche Ursache. Die Feuerröhren des schrägliegenden Kessels durchquerten den Dampfraum und überhitzten den Dampf (s. S. 49). Man hatte also von Anfang an mit überhitztem

Dampf gearbeitet und die Anlage eines besonderen Überhitzers vermochte deshalb die Ausnutzung des Brennstoffes nur noch sehr wenig zu steigern.

Diesen Verbundmaschinen, die nunmehr mit großem Erfolge in die Praxis eingeführt wurden, folgten dann Mitte der 80er Jahre die ersten Dreifachexpansionsmaschinen, an deren Einführung sich Rudolf Ernst sowie Sulzer-Imhoof, der, wie vorher erwähnt, unter Leitung von Dr. Kirk an der Konstruktion der ersten Dreifachexpansionsschiffsmaschine in England teilgenommen hatte, erfolgreich beteiligte. Damit war auch zugleich die Maschinengattung entstanden, die unter weitgehender Anpassung an die Bedürfnisse der Ende der 80er Jahre und in den 90er Jahren zu großer Bedeutung emporgewachsenen Starkstromtechnik die eigentliche Großdampfmaschine wurde. In Deutschland besonders bekannt geworden sind unter den vielen von der Firma gelieferten Dampfmaschinen dieser Bauart die Maschinen der Berliner Elektrizitätswerke. Die Fig. 31 zeigt die elektrische Zentrale Moabit Berlin, in der 4 Dreifachexpansionsmaschinen von je 3000 und eine von 6000 PSe laufen. Neben diesen liegenden Maschinen wurde es mit Rücksicht auf den Platzbedarf der städtischen Elektrizitätswerke notwendig, auch stehende Maschinen auszuführen. Als kennzeichnendes Beispiel hierfür sei auf die in Fig. 32 gezeigten beiden 6000pferdigen Ventilmaschinen der Londoner Elektrizitätswerke hingewiesen.

Fig. 32. Zwei stehende Dampfmaschinen von je 6000 PS.

Mit diesen Maschinen konnten somit Gebrüder Sulzer den Engländern im eigenen Lande zeigen, zu welcher Vollkommenheit es der Dampfmaschinenbau gebracht hatte, zu dem einst vor einem halben Jahrhundert der junge Londoner Ingenieur Charles Brown den ersten Anfang gelegt hatte.

Mit diesen zuletzt aufgeführten Großdampfmaschinen war zugleich auch der Höhepunkt der Entwicklung der Kolbendampfmaschine erreicht. Welch ungeheure Ingenieurarbeit in dieser Entwicklung, die ein halbes Jahrhundert umfaßt, eingeschlossen liegt, tritt besonders scharf hervor, wenn man Anfang und Ende nebeneinander stellt. In den 50er Jahren gehörte eine Maschine von 30 PS, die 9500 kg wog und 8700 Fr. kostete, zu den größten der damals von der Firma gebauten Maschinen. Die größten in den letzten Jahren von der Firma gebauten Kolbendampfmaschinen weisen dagegen eine Leistung von 6 bis 7000 PS auf. Die Maschinen wiegen rund 400000 kg. Der Preis beträgt 350 bis 400000 Frs. Und während man in den 50er Jahren zufrieden war, einen Kohlenverbrauch unter $1^3/_4$ kg für die PSi-st zu erzielen, gewährleistet man heute einen Kohlenverbrauch von 0,4 bis 0,5 kg.

Ehe wir die Entwicklung der Kolbendampfmaschine innerhalb der Firma hier abschließen, sei noch darauf hingewiesen, daß naturgemäß neben den Ventilmaschinen auch die Schiebersteuerungen weiter entwickelt wurden. Sehr interessant sind hier die Bemühungen, den umlaufenden Drehschieber bei stehenden schnellaufenden Maschinen, für welche die Firma später den entlasteten Kolbenschieber verwendete, wieder einzuführen[1]). — In den letzten Jahren hat die Firma auch den Bau von Gleichstromdampfmaschinen auf Grund eingehender Versuche mit Erfolg aufgenommen.

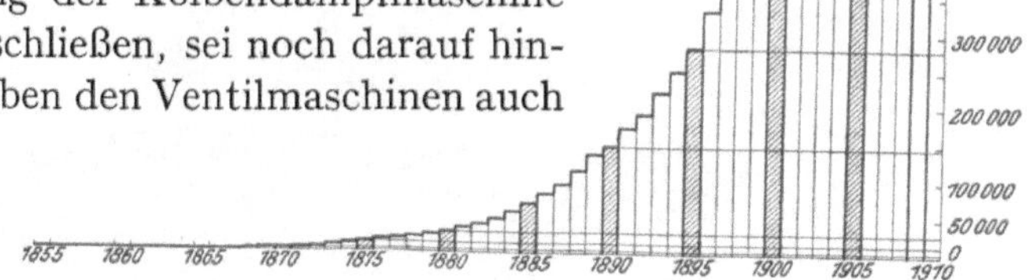

Fig. 33. Gesamtleistung der bis 1910 gelieferten Dampfmaschinen in PS.
(Die Höhe der Stufen gibt die Jahresproduktion.)

Aus dem Schaubild Fig. 33 läßt sich erkennen wie die Produktion an Dampfmaschinen, in PS ausgedrückt, von 1855 an gestiegen ist. Bis 1910 sind danach allein aus der Sulzerschen Fabrik 900000 PS hervorgegangen. Die Jahresproduktion ergibt sich aus der Höhe der Stufen in der treppenartigen Darstellung. Die mittlere Größe der Ventilmaschine in PS zeigt Fig. 34, woraus zu ersehen ist, wie gewaltig die Größe der Maschineneinheiten gestiegen ist.

2. Dampfkessel.

Die Dampfkessel boten von jeher der technisch gestaltenden Phantasie der Ingenieure bei weitem nicht so viel Anregung wie die Dampfmaschine mit ihren vielen beweglichen Teilen. Wir werden deshalb auch auf diesem Gebiete nicht die gleiche Fülle der Formen finden, wie auf den vielen andern Gebieten des Maschinenbaues. Aber trotzdem ist die Mannigfaltigkeit der auf diesem Gebiete auftretenden verschiedenartigen Lösungen noch immer sehr groß, konnte doch ein englisches

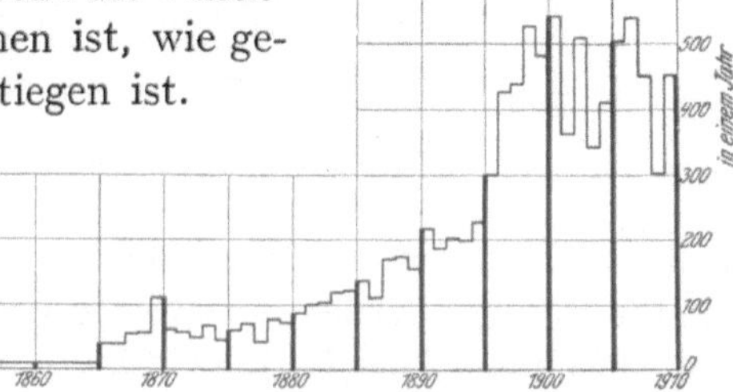

Fig. 34. Mittlere Größe der Ventilmaschinen in PS. Jahresdurchschnitt.

[1]) Erwähnung verdienen auch die sehr sorgfältig durchgeführten Versuche, die zur Feststellung des Einflusses der Zwischenüberhitzung bei Verbundmaschinen angestellt wurden. Das Ergebnis, das die Belanglosigkeit der Zwischenüberhitzung nachwies, wurde in einem ausführlichen Versuchsbericht niedergelegt.

Buch über Dampfkessel anfangs der 70er Jahre nicht weniger als etwa 550 verschiedene Kesselbauarten in Bild und Text seinen Lesern vorführen. Viel schwieriger aber als neue Ideen zu veröffentlichen, war es, den Kessel in der Werkstatt für den praktischen Dauerbetrieb brauchbar herzustellen. Hieran scheiterten die meisten der Erfinderideen. Nur eine sehr kleine Zahl der erdachten Konstruktionen brachten es zu dauernder praktischer Bedeutung. Gebrüder Sulzer haben auf diesem Gebiete weniger ihren Ehrgeiz darein gesetzt, die zahlreichen schon vorhandenen Formen durch neue zu ersetzen, sondern sich vielmehr bemüht, die verschiedenen Konstruktionen, die sich praktisch bewährten, weiter auszubilden, und vor allem auch Wert darauf gelegt, die werkstattmäßige Herstellung der Kessel ständig zu verbessern.

Die Geschichte der Dampfkessel innerhalb der Firma reicht weiter zurück als die der Dampfmaschinen. Der erste Dampfkessel wurde schon 1841 gebaut. Die

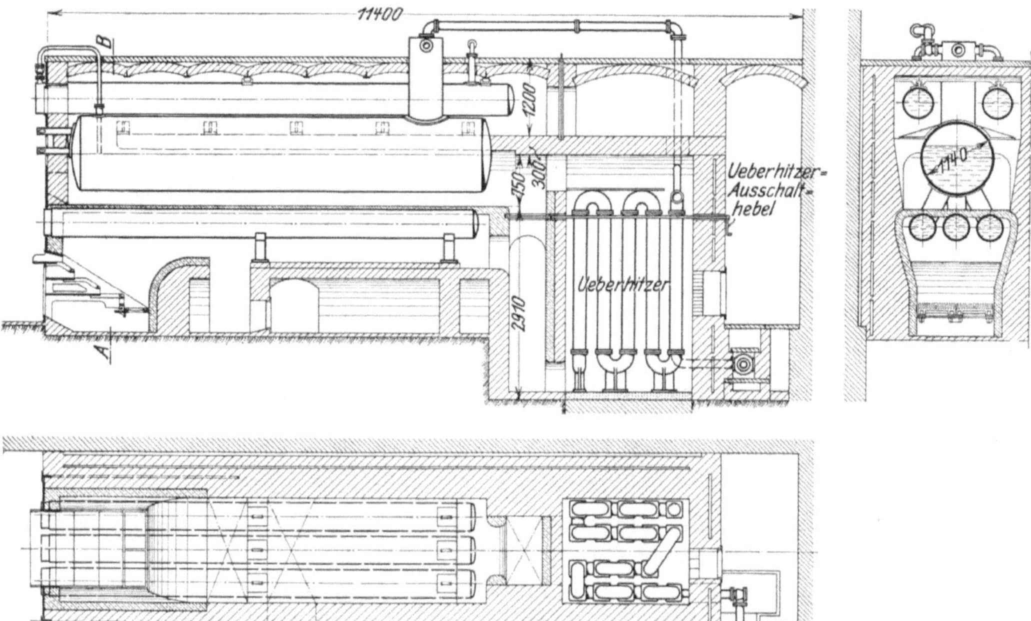

Fig. 35 bis 37. Walzenkessel mit Überhitzer von Gebr. Sulzer 1864.

Entwicklung des Dampfkessels innerhalb der Firma umfaßt somit eine Zeitspanne von 70 Jahren.

Sehen wir uns die Konstruktionsformen der Sulzerschen Dampfkessel etwas näher an, so finden wir zunächst, daß die Gruppe der flachwandigen Kessel, der alten Kofferkessel, ganz fehlt. Man begann mit den zylindrischen Kesseln, die in den verschiedensten Bauarten ausgeführt wurden. Besonders beliebt waren die mehrfachen Walzenkessel, die lange Zeit in Deutschland als „französische Kessel" bekannt waren. Der erste Kessel (s. S. 74) gehört zu dieser Gruppe. Er war 55 Jahre lang als Heizkessel in Betrieb und wird seitdem als Erinnerung an jene bescheidenen Anfänge pietätvoll aufbewahrt. Bald ging man auch dazu über, die mehrfachen Walzenkessel (Bouilleurkessel) mit Rauchröhren zu versehen. Verschiedene Konstruktionen aus dieser Zeit sind im Kapitel Heizungen behandelt. Es lag nahe, als die Kesseleinheiten noch klein und der Dampfdruck gering war, die gleichen Konstruktionen zu benutzen.

Ein wichtiger Fortschritt in der Entwicklung war es, als man 1858 dazu überging, Flammrohrkessel zu bauen, deren Geschichte bis in den Anfang des vorigen Jahrhunderts zurückreicht, wo sie, in den Grubenbezirken Cornwalls eingeführt, dort zuerst zu großer wirtschaftlicher Bedeutung kamen. Die Flammrohrkessel hatten sich außerordentlich verbreitet. Auch bei Gebrüder Sulzer bildeten sie bald die Hauptfabrikation. Bemerkenswert war der Versuch, Einflammrohrkessel mit 2 Feuerungen, die an beiden Enden des Kessels eingebaut waren, zu bauen. Die Rauchgase kamen von beiden Seiten in der Mitte zusammen und wurden hier abgeführt. Unter dem Hauptkessel ordnete man kleine Walzenkessel an, die mit dem Hauptkessel in Verbindung standen, um so die Rauchgaswärme noch weiter auszunutzen. Die Zeichnung eines Kessels aus dem Jahre 1858 zeigt schon Domköpfe aus gewölbtem Blech und in die Feuerröhre eingebaute konische Querröhren, die von Galloway 1851 in England zuerst ausgeführt wurden. Zylinderkessel mit 2 Flammrohren wurden von 1860 an gebaut. Die kennzeichnende Form eines Walzenkessels zeigt die in Fig. 35 bis 37 wiedergegebene, von Gebrüder Sulzer

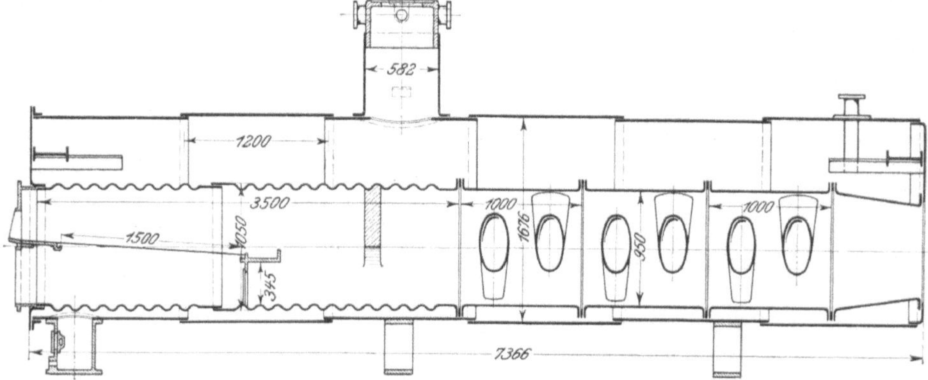

Fig. 38. Erster Wellrohrkessel der Firma 1882.

1864 für ihre erste Ventilmaschine ausgeführte Kesselanlage, die sich besonders durch den Einbau gußeiserner Überhitzer auszeichnete.

Für die Entwicklung des Flammrohrkessels bedeutete die Einführung gewellter Flammrohre den größten Fortschritt. Die Versteifungen der Flammrohre wurden überflüssig; das Wellrohr gestattete die Längenausdehnung in sehr vollkommener Weise. Gebrüder Sulzer haben ihren ersten Wellrohrkessel 1883 auf der Landesausstellung in Zürich vorführen können (Fig. 38). Eine weitere große Vereinfachung der Kesselkonstruktion wurde erreicht durch die Einführung gewölbter Böden, ausgezogener Feuerrohrlöcher usw. Die Firma nahm diese Verbesserungen anfangs der 90er Jahre auf und richtete sich auch selbst für die Fabrikation der kleineren Böden ein. Die Wellrohrkessel, bei denen ein oder zwei Wellrohre den ganzen Kessel durchziehen, sind auch bis heute noch das Hauptgebiet der Dampfkesselabteilung der Firma geblieben. Sie werden in allen Größen bis zu 135 qm Heizfläche und 14 at Betriebsdruck gebaut. Neben diesen Kesseln finden wir noch eine Anzahl anderer Konstruktionen, die sich aus der Vereinigung von Flammrohrkesseln mit Heizröhren- und Walzenkesseln ergeben. Einen solchen Flammrohrkessel mit oben liegendem Heizrohrkessel, auch nach dem Begründer und ersten Direktor der Buckauer Maschinenfabrik als Tischbeinkessel bezeichnet, zeigt Fig. 39. Auch Flammrohrkessel mit rückkehrenden Rauchröhren, die unmittelbar über dem Flammrohr angeordnet sind, wurden von der Firma seit 1862 ausgeführt, allerdings öfter für Heizanlagen als für Kraftanlagen. Seit 1873 bis Anfang der 90er Jahre baute man auch viele Ten Brink-Kessel, die durch die Anordnung des Schrägrostes gekennzeichnet sind, der schon seit Ende der 50er Jahre bei französischen Lokomotiven als Rauchverbrennungsapparat gern angewendet wurde[1]). Als Übelstand wurde dabei empfunden, daß ein eigener Vorkessel angebracht werden mußte, der mit dem Hauptkessel durch Röhren in Verbindung stand. Um dies zu vermeiden, gingen Gebrüder Sulzer dazu über, den ganzen Kessel unter 45° geneigt aufzustellen. Einen solchen Kessel stellten sie zuerst auf der Weltausstellung in Paris 1878 aus. Mit dieser Anordnung erreichten sie, daß sich der Rost unmittelbar mit der Innenfeuerung in Verbindung bringen ließ. Die Fig. 40 zeigt eine solche Anlage für Nocera (1878), die auch mit Ekonomiser ausgerüstet war. Man erhielt eine beträchtliche Überhitzung (siehe auch S. 44) im Kessel. Die dargestellte Anlage ist übrigens auch dadurch bemerkenswert, daß sie schon künstlichen Zug mit Kühlung der Ventilatorenlager aufweist.

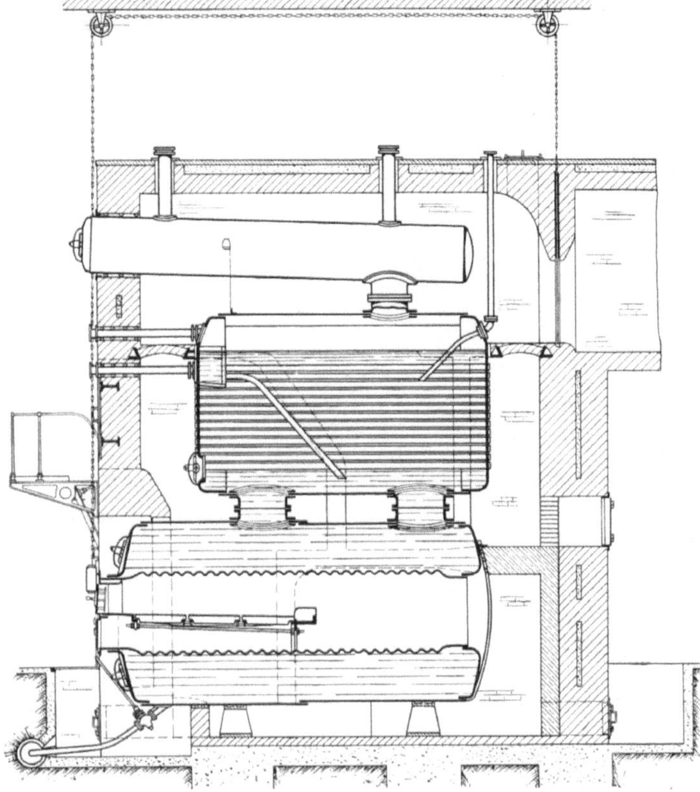

Fig. 39.
Tischbein-Flammrohrkessel mit obenliegendem Heizrohrkessel.

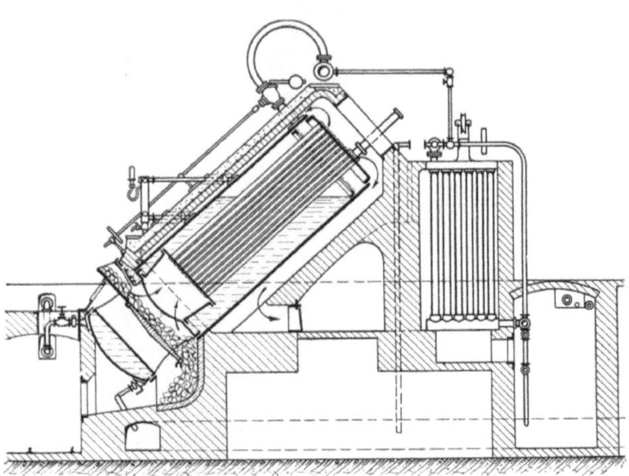

Fig. 40. Kesselanlage von Nocera 1878.

Ferner finden wir in den 60er Jahren sehr interessante, wagrecht angeordnete Lokomobilkessel mit in die Rauchkammer eingebauten Überhitzern (siehe S. 34) ausgeführt. Auch

1) Siehe Dinglers polytechn. Journal 1863, Bd. 167, S. 86, 1877, Bd. 224, S. 245.

kleinere stehende Dampfkessel, vor allem sogenannte Fieldröhrenkessel, wurden gebaut.

Bemerkenswert sind ferner auch die von der Firma gebauten Schiffskessel, die in der allgemeinen Anordnung, wie sie die Fig. 41 zeigt, bis zu 170 qm Heizfläche ausgeführt werden. Interessant ist, daß hier die Firma schon seit 1897 Überhitzer für Schiffskessel angewendet und damit ausgezeichnete Ergebnisse erzielt hat.

Fig. 41. Schiffskessel mit Überhitzer.

Einen neuen Abschnitt in der Entwicklung der Dampfkesselabteilung der Firma bildete die Einführung der Wasserrohrkessel. Die ersten Versuche, Wasserrohrkessel einzuführen, reichen bis in die 70er Jahre zurück. Der Flammrohrkessel genügte aber damals noch allen nur denkbaren Ansprüchen an Leistungsfähigkeit und Raumbedarf, so daß man ein Bedürfnis nach leistungsfähigeren Wasserrohrkesseln damals noch nicht empfand. Das wurde erst anders, als die großen Elektrizitätswerke, vielfach durch örtliche Verhältnisse veranlaßt, anfingen, die Wasserrohrkessel zu bevorzugen. Während man früher nur hier und da auf besonderen Wunsch einige Wasserrohrkessel gebaut hatte, nahm man im Jahre 1900 den Bau von Wasserrohrkesseln nach eigenem System im großen auf. Die Anordnung dieser Sulzer-Wasserrohrkessel ergibt sich aus der Fig. 42. Was die Ausführung anbelangt, so sind besonders die nahtlos gepreßten, für jede senkrechte Rohrreihe getrennt liegenden Wasserkammern bemerkenswert. Da den unteren Rohrreihen das Wasser unmittelbar zugeführt wird, erhält man sehr guten Wasserumlauf.

Fig. 42. Wasserrohrkessel, Bauart Sulzer.

Nach allgemeiner Einführung des überhitzten Dampfes ist auch von seiten der Firma der Bau von Überhitzern im großen aufgenommen worden, und zwar ordnet man die Überhitzeranlage entweder ausschaltbar und regulierbar hinter dem Kessel an oder legt sie oben in den letzten Kesselzug.

Die Entwicklung der Dampfkessel mußte naturgemäß durch die Veränderung des Baustoffes und die Verbesserung der Herstellungsweise maßgebend beeinflußt werden. In dem Kampf zwischen Schweißeisen und Flußeisen, der in den 90er Jahren einsetzte, blieb das Flußeisen Sieger. Damit war erst die Möglichkeit gegeben, große Bleche viel billiger als früher herzustellen. Die Kessel wurden einfacher in ihrer Konstruktion und preiswerter. Was die Größe der Bleche für die Konstruktion des Kessels bedeutete, läßt sich am besten an einem Beispiele zeigen. Ein von der Firma 1852 erbauter Dampfkessel mit 2 Heizrohren, der 3,5 m lang war und 1050 mm im Durchmesser hatte, die 2 Heizrohre waren 285 mm weit, mußte damals aus 16 einzelnen Blechtafeln in 9 verschiedenen Abmessungen hergestellt werden. Die größte dabei verwendete Blechplatte war 2 mal 1,2 m groß. Die Blechdicke lag zwischen 6 und 9 mm. Heute würden einschließlich der beiden Kesselböden 6 Stücke erforderlich sein. Die längsten Flammrohrkessel von rund 12 m Länge werden in der Längsachse in nur 5 Stößen hergestellt, und zwar sind die einzelnen Blechtafeln aus Siemens-Martin-Flußeisen im ganzen Umfange aus einem Stück. Die Nietung, früher ausschließlich mit der Hand ausgeführt, geschieht heute auf hydraulischem Wege. Die Rundnähte erhalten je nach der Blechdicke ein oder zwei Nietreihen. Die Längsnähte werden durch Doppellaschen mit 4 oder 6 Nietreihen hergestellt. Durch die Laschen vermeidet man das bei der gewöhnlichen Überlappungsnietung übliche Ausstrecken der Ecken. Diese Laschennietung ergibt rechnerisch 82 bis 83 vH Festigkeit im Vergleich zum vollen Bleche. Bei Versuchen, die die Firma in der Materialprüfungsanstalt des Polytechnikums in Zürich ausführen ließ, ergaben sich noch größere Werte.

Neben dem Kesselbau legte die Firma von jeher auch großen Wert auf eine zweckentsprechende Feuerung. Schon in den 60er Jahren wurden Schrägrostfeuerungen für Braunkohle, Sägemehl, Holzspäne und Stroh probiert und ausgeführt. Große Mühe gab sich die Firma auch, die Kohlenstaubfeuerungen praktisch zu verwerten, ohne jedoch einen Erfolg zu erzielen. Mechanische Feuerungen wurden zuerst 1877 ausgeführt. Bei dieser Feuerung wurden die Roststäbe von einem Mechanismus, der vorn an der Stirnwand des Kessels angebracht war, hin und her geschoben, wodurch sich der von einem Trichter aus auf den Rost geführte Brennstoff gleichmäßig verteilte. Ähnliche Ausführungen werden heute unter dem Namen Sparfeuerungen wieder in den Handel gebracht. Interessant war ferner der Rostbeschickungsapparat, Bauart Strupler, der in den 80er Jahren mehrfach ausgeführt wurde. Er besteht im wesentlichen aus einem auf Rädern geführten Gestell, das den ganzen Rost umfaßt. Der obere Teil des Wagens besteht aus einer mit Jalousieklappen versehenen Plattform, auf die, wenn der Wagen herausgezogen ist, die Kohlen aufgegeben werden. Durch Verstellung der Klappen von außen her konnte man die Kohlen gleichmäßig auf die Feuerung herunterfallen lassen. Später gab man diese Bauart wieder auf, weil sich doch zeigte, daß die empfindlicheren Teile die hohen Temperaturen auf die Dauer nicht aushielten.

Sehr eingehend beschäftigte sich auch die Firma mit der Frage, durch geeignete Feuerungen möglichst rauchlose Verbrennung zu erzielen. Eine große Zahl verschiedener Verbesserungen wurden im Laufe der Jahre konstruiert und durchprobiert. Hierhin gehören z. B. die durchbrochenen Feuerbrücken mit Zuführung von Sekundärluft, wie man sie in eigner Bauart 1883 ausführte. Heute werden von Gebrüder Sulzer mit großem Erfolge die sogenannten Unterschubfeuerungen gebaut. Die Feuerung besteht aus einer dachartig angeordneten Rostanlage mit in der Mitte angebrachtem Schlitz, durch den mit Hilfe einer unter dem Roste liegenden Förderschnecke die Kohle herausgedrückt wird, die sich dann nach beiden Seiten auf dem schrägen Rost verteilen kann. Der Raum unter dem Rost ist geschlossen und wird von einem Ventilator mit Luft versorgt. Schon während die Kohlen nach dem Schlitze zu steigen, findet eine Vergasung statt. Die Kohlen müssen dann die darüber liegende glühende Schicht durchstreichen, wobei die Gase mit der aus den Düsen strömenden Luft vermengt und verbrannt werden. Die an den Seiten herabfallende Asche kann mit den Schlacken von Zeit zu Zeit durch die Feuertüren entfernt werden.

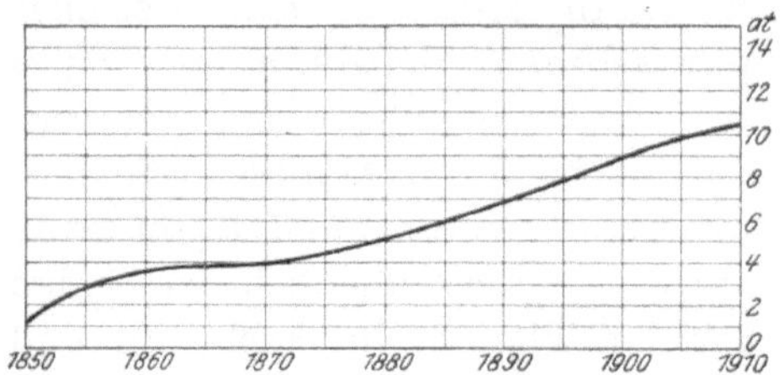

Fig. 43. Mittlerer Druck der in den einzelnen Jahren gelieferten Dampfkessel 1850 bis 1910.

Ebenso wie den Feuerungen hat auch die Firma der Speisewasserreinigung stets ihre Aufmerksamkeit zugewendet. Seit den 80er Jahren führt sie nach dem Sodaverfahren eine eigene Bauart von Wasserreinigern aus. Bei der Entwicklung der Kesselarmaturen, die von der Firma selbst hergestellt werden, ist stets auf möglichst kräftige Bauart Wert gelegt worden. Bemerkenswert sind die von der Firma zuerst ausgeführten Wasserstandsanzeiger mit Ventilabschlüssen, die Mitte der 90er Jahre auf den Markt gebracht wurden.

In Angliederung an die Kesselschmiede hat man in neuerer Zeit auch viele Druckwasserleitungen für Turbinenanlagen ausgeführt. Die gewaltigen Turbinenanlagen gerade in der Schweiz boten die Aussicht, auch diese Abteilung entsprechend entwickeln zu können. Für die Herstellung der Rohre und für die Nietung wurde in Winterthur ein eigenes Verfahren ausgearbeitet, das durch Patent geschützt wurde.

Von der Kesselabteilung werden übrigens auch noch große Behälter, Gasometer usw. hergestellt. So wurden z. B. für die Eidgenössische Alkoholverwaltung Behälter von 3 bzw. 4000 cbm Inhalt bei 20 bzw. 22 m Durchmesser und 10 bzw. 11 m gesamter Höhe gebaut.

Einen interessanten zahlenmäßigen Überblick über die Entwicklung der Dampfkessel in technischer und wirtschaftlicher Hinsicht gewinnen wir aus den Schaubildern Fig. 43 bis 45. Wir erkennen hier, wie seit dem Jahre 1850 der mittlere Dampfdruck stetig gestiegen ist, Fig. 43. 1850 war der mittlere Arbeitsdruck der von der Firma gelieferten Dampfkessel nur 1,25 at, 1910 betrug er 10,5 at. Mit den immer größer werdenden Krafteinheiten stieg, wenn auch nicht in gleicher Weise wie bei den Dampfmaschinen, die Kesselgröße.

Bis zum April 1910 wurden von der Firma rund 6200 Dampfkessel geliefert. 1860 wurden

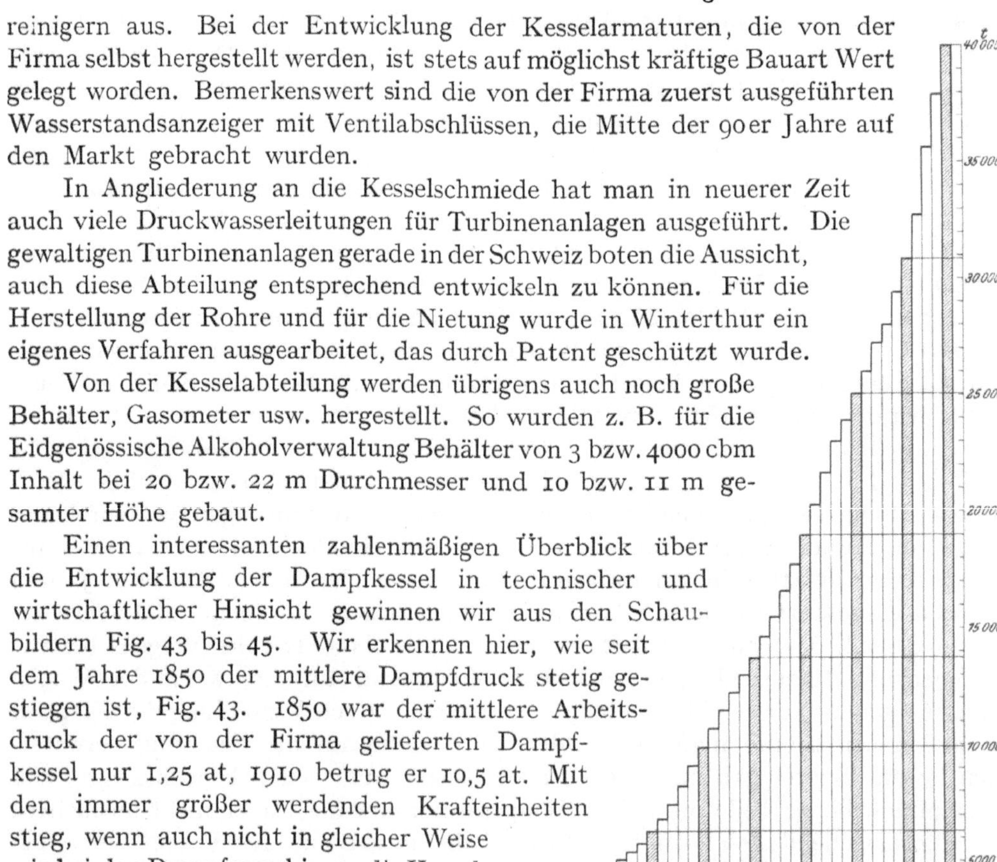

Fig. 44. Gesamtgewicht der gebauten Dampfkessel in t.

27 Dampfkessel mit rund 77 t Gewicht geliefert. 1880 bereits 90 Kessel mit 510 t, 1900 190 Kessel mit 1150 t und die letzten Jahre durchschnittlich 230 Kessel mit

über 2000 t. Die Fig. 44 und 45 lassen erkennen, daß bis 1910 Kessel mit einem Gesamtgewicht von 40 000 t und einer Heizfläche von fast 250 000 qm aus der Firma hervorgegangen sind.

Das Absatzgebiet für Dampfkessel erstreckt sich fast soweit wie das für Dampfmaschinen. Mit Ausnahme von Nordamerika und Australien dürften überall neben Sulzer-Dampfmaschinen auch Sulzer-Kessel zu finden sein. Nach Deutschland allerdings beschränkten sich die Lieferungen hauptsächlich auf die in der Nähe der Schweiz liegenden Gebiete, da die deutsche Niederlassung in Ludwigshafen (Rhein) keine eigene Kesselschmiede besitzt.

Sehr bemerkenswert ist, gerade auch bei der Fabrikation der Dampfkessel zu verfolgen, wie in immer steigendem Maße die Maschine in den Kesselbau eingedrungen ist, wodurch die Güte und Genauigkeit der Arbeit sehr gestiegen ist. Die Nietmaschinen würden hier in erster Linie zu nennen sein. Bei den eigentlichen Blechbearbeitungsmaschinen, Biege-, Hobel- und Bohrmaschinen, bevorzugen Gebrüder Sulzer die Anordnung, bei der sich die Bleche stehend bearbeiten lassen. In letzter Zeit kam als neuester Fortschritt in der Kesselfabrikation das autogene Schneid- und Schweißverfahren in Aufnahme. Fast lautlos zerteilt die Flamme das Blech und mit ruhiger Kraftentfaltung pressen die Maschinen mit den Nieten die Bleche aufeinander.

3. Die Dampfturbinen.

Die Wattschen Kolbendampfmaschinen dienten ebenso wie die ihnen vorausgehenden atmosphärischen Maschinen ausschließlich als Pumpmaschinen. Die hin und her gehende Bewegung des Kolbens wurde in einfachster Weise mit Hilfe des Balanciers in die hin und her gehende Bewegung der Pumpe übersetzt. Als man dann daran ging, mit diesen Maschinen umlaufende Bewegung zu erzeugen, lag der Gedanke nahe, auch die Dampfmaschine nunmehr so umzugestalten, daß man unmittelbar eine Drehbewegung erhielt. Zahllose Erfinder und Konstrukteure, unter denen auch erste Namen zu finden sind, haben sich bemüht, diese Aufgabe zu lösen. Die Geschichte der rotierenden Dampfmaschine zeigt, mit welchem Eifer, aber auch mit wie überaus geringen Erfolgen ganze Generationen von Ingenieuren hieran gearbeitet haben. Besonders bevorzugt wurden rotierende Kolbenmaschinen, sogenannte Kapselmaschinen der denkbar verschiedensten Konstruktionen. Auch Gebrüder Sulzer haben auf diesem Gebiete einmal mitgearbeitet.

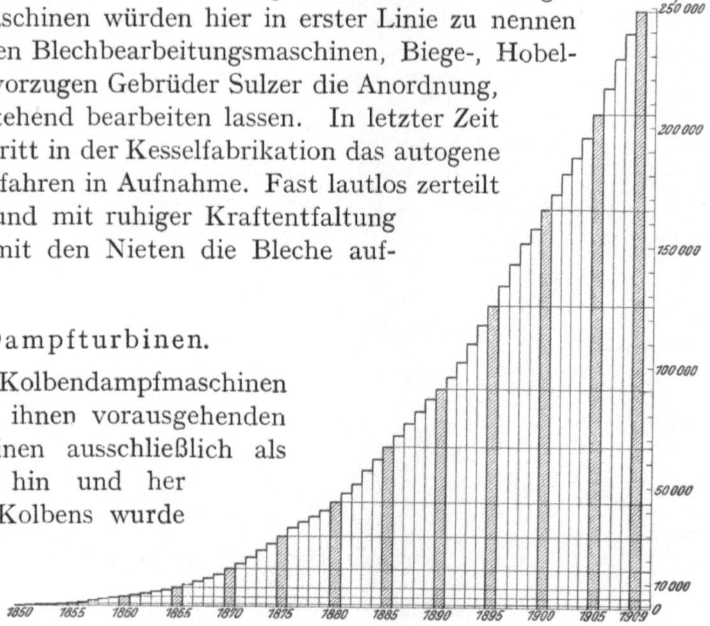

Fig. 45. Gesamte Heizfläche der bis 1910 gelieferten Dampfkessel in qm.
(Die Höhe der Stufen gibt die Heizfläche pro Jahr.)

Neben diesen Rotationsmaschinen, in denen der Dampfdruck in der gleichen Weise wie in der Kolbenmaschine zur Wirkung kam, wurden frühzeitig Dampfturbinen versucht, bei denen der Dampf durch seine Strömungsenergie umlaufende Turbinenräder treibt. Die größte Schwierigkeit, die beim Bau von Dampfturbinen zu überwinden war, lag darin, die überaus große Dampfgeschwindigkeit wirtschaftlich in einer Maschine auszunutzen. Man konnte hierbei entweder den Gegendruck des Dampfes oder auch seine unmittelbare Druckwirkung benutzen, je nachdem unterscheidet man zwischen Überdruck- und Druckturbine bzw. Reaktions- und Aktionsturbine. Erst in den 80er Jahren gelang es dem großen englischen Ingenieur Charles A. Parsons, eine wirtschaftlich brauchbare Reaktionsturbine zu schaffen, während es gleichzeitig dem schwedischen Ingenieur Gustaf de Laval beschieden war, eine in konstruktiver Hinsicht sehr interessante Lösung für die Aktionsturbine zu finden. Besonders entwicklungsfähig zeigte sich die Parsonsturbine, die nach jahrelangen eingehenden Versuchen ihres Erfinders in den 90er Jahren ihren Siegeszug antreten konnte.

Es war selbstverständlich, daß Gebrüder Sulzer diese Anfänge einer gänzlich neuen Entwicklung auf dem Gebiete der Wärmekraftmaschinen mit größtem Interesse verfolgten. In den 90er Jahren aber noch weitgehend damit beschäftigt, ihre Kolbendampfmaschinen besonders für die Anforderungen der in immer größerem Umfange entstehenden Elektrizitätswerke weiter zu entwickeln, glaubte man wohl

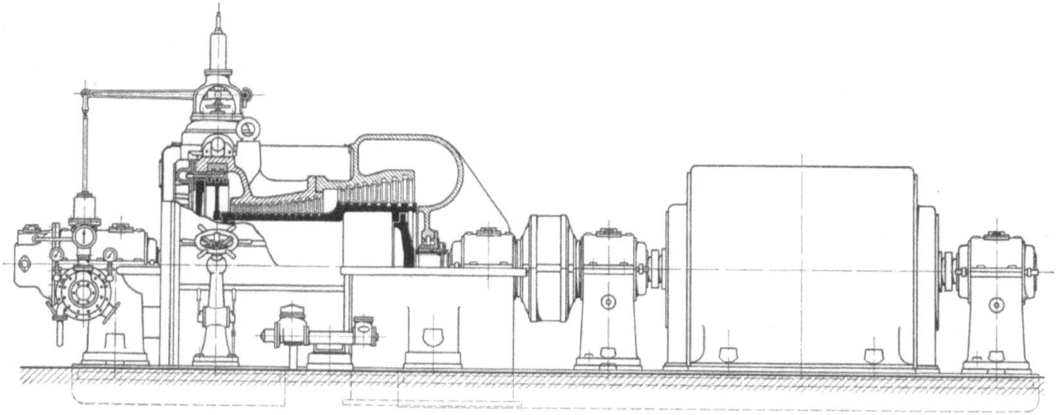

Fig. 46. Dampfturbine, Bauart Sulzer.

bei den auf diesem Gebiete erzielten Erfolgen den Bau von eigenen Dampfturbinen noch aufschieben zu können. Doch die Bedeutung der Dampfturbinen gerade für den Antrieb in elektrischen Zentralen wuchs so schnell, daß die Firma sich 1900 veranlaßt sah, nunmehr mit Energie auch dem Bau der Dampfturbinen näher zu treten. Man ging in Winterthur auch an diese Aufgabe nur auf Grund einer durch eigene ausgedehnte wissenschaftliche Versuche erworbenen Erkenntnis der gesamten Verhältnisse heran. Diese auf etwa 3 Jahre sich erstreckenden vorbereitenden Versuche führten schließlich zu einer eigenen Bauart, die sich als eine Vereinigung der beiden Grundtypen der Dampfturbinen kennzeichnet. Die Vorteile dieser Vereinigung hatten zur Folge, daß nach dem Vorgang von Gebrüder Sulzer bald auch bedeutende Vertreter der Parsonsturbine diesen Konstruktionsgedanken aufgenommen haben. Die erste größere Dampfturbine, Bauart Sulzer, konnte 1903/4 die Werkstätten verlassen. Die Sulzersche Dampfturbine besteht, wie die Fig. 46 zeigt, aus einer teilweise beaufschlagten Aktionsturbine als Hochdruckstufe und einer vollbeaufschlagten Reaktionsturbine als Niederdruckstufe. Die Schaufelkränze der Niederdruckstufe sind auf einer gemeinsamen Trommel angebracht. Die Anwendung der Aktion bietet die Möglichkeit, von dem höchsten Druck sofort erheblich tief herab expandieren zu können und so den Dampf bei viel niedrigerer

Temperatur in die Schaufelung einzuführen. Große Beachtung fanden naturgemäß auch die Konstruktionseinzelheiten und vor allem die so wichtigen Regulierungsfragen. Das als Doppelsitzventil ausgebildete Regulierventil wird durch einen empfindlichen Druckölregulator, der mit einem Druckölhilfsmotor in Verbindung steht, betätigt. Der von der Reaktionsturbine herrührende Axialschub wird durch eine unter Öldruck stehende, selbsttätig wirkende Entlastungsscheibe aufgenommen. Bei den Abdichtungen an den Austrittsstellen der Welle aus dem Gehäuse sind federnde Lamellen mit Vorteil benutzt worden.

Große Bedeutung für die Dampfturbine hat auch die Kondensation erlangt, da die Turbine die Luftleere viel besser ausnützen kann als die Kolbendampfmaschine. Für Turbinen hat deshalb eine große Luftleere eine erhöhte wirtschaftliche Bedeutung und insofern haben gerade diese Maschinen die weitere Entwicklung der Kondensationseinrichtungen auf das günstigste beeinflußt. Von Gebrüder Sulzer werden, um eine hohe Luftleere zu erreichen, neben Einspritzkondensatoren, Oberflächenkondensatoren benützt, deren Konstruktion man auch auf Grund weitgehender Versuche festgestellt hat. Der Kondensator arbeitet im Gegenstrom und läßt das Kühlwasser drei- bis viermal umlaufen. Sehr interessant ist der Versuch, die Kondensatorluftpumpen für den rotierenden Betrieb umzugestalten. Man hat so z. B. für das Wasserwerk der Stadt Bukarest, für ein Werk in Petersburg u. a. m. Anlagen geschaffen, bei denen nur noch Umlaufbewegungen und keine hin und her gehenden Bewegungen vorkommen. Dic Dampfturbinen treiben große Zentrifugalpumpen und gleichzeitig auch die rotierenden Luftpumpen.

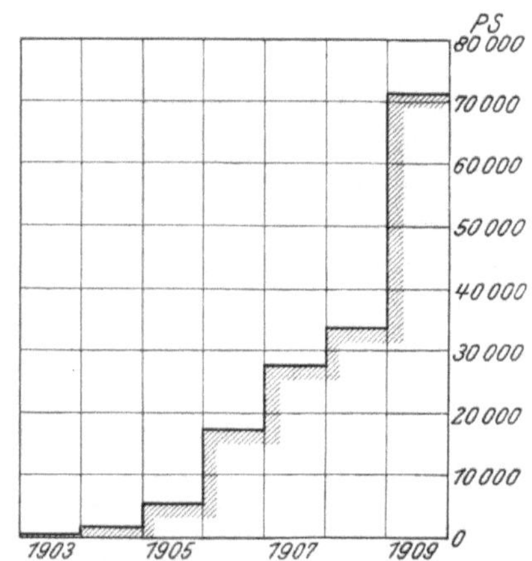

Fig. 47. Gesamtleistung der bis 1909 gelieferten Dampfturbinen in PS.

Je mehr es gelang, auch andere Maschinengattungen statt mit langsamer hin und her gehender, mit schnellaufender Umlaufsbewegung umzubauen, d. h. je mehr es gelang, das Feld der rotierenden Maschinen zu vergrößern, um so weiter dehnte sich natürlich auch das Anwendungsgebiet der Dampfturbine aus. Hatte man sie zuerst fast ausschließlich zum Antrieb von elektrischen Maschinen benutzt, so kam sie in immer steigendem Maße als Antriebsmaschine für die Zentrifugalpumpen und die Ventilatoren in Betracht. Da gerade auch auf diesem Gebiete Gebrüder Sulzer erfolgreich tätig waren, so lag hierin ein neuer Ansporn für sie, leistungsfähige Dampfturbinen herzustellen, um so die vollständige Maschinenanlage bauen zu können. Von dem heutigen Stand des Dampfturbinenbaues innerhalb der Firma geben verschiedene Veröffentlichungen Kunde, so daß es sich in diesem geschichtlichen Aufsatz erübrigt, hierauf näher einzugehen. Erwähnt sei nur, daß eingehende Versuchsberichte über neue Anlagen zeigen, daß die Dampfturbine auch in wirtschaftlicher Hinsicht sich mit den besten Kolbendampfmaschinen vergleichen läßt. Welche Bedeutung der Dampfturbinenbau innerhalb der Firma einnimmt, ergibt sich aus der Tatsache, daß die Lieferungen der letzten Jahre schon bis auf 40 000 PS pro Jahr gestiegen sind. Fig. 47 zeigt die Gesamtleistung der bis 1909 gelieferten Dampfturbinen.

4. Dampfmaschinen mit Abdampfverwertung.

Der Dampf ist von jeher nicht nur als Energieträger für Kraftanlagen, sondern auch in großem Umfange für Heizzwecke benutzt worden. Zur Erwärmung unserer Wohn- und Arbeitsräume haben ihn die Ingenieure mit großem Erfolge herangezogen und ebenso ist er seit langem unentbehrlich für eine Anzahl großer Industriezweige, die mit großen Wärmemengen für Koch-, Trocken-, Heiz- oder Warmwasserbereitungszwecke zu arbeiten haben. Die Arbeitsteilung auf dem Gebiete der Technik, wie sie sich im Laufe der Jahrzehnte herausbildete, hat nun sehr oft den inneren Zusammenhang der großen Arbeitsgebiete, auf denen der Dampf als Energieträger oder als Wärmemittel in den Vordergrund tritt, verwischt. Der Dampfmaschineningenieur kümmerte sich meist wenig um die großen Aufgaben der Heizungstechnik. Erst in der neueren Zeit, als man — durch die wirtschaftlichen Verhältnisse gezwungen — mehr als je daran denken mußte, die Betriebskosten einer Anlage zu verringern, kam man darauf, sich nicht nur um die Teile einer Anlage unter bestimmten einseitigen Gesichtspunkten zu kümmern, sondern nunmehr die Gesamtanlage als Ganzes anzusehen und die Fragen der Wärmeabgabe und Krafterzeugung gemeinsam zu behandeln. So entstanden im Laufe der Jahre eine große Zahl technisch vorzüglicher, nach jeder Richtung hin durchgearbeiteter Anlagen, die in wirtschaftlicher Hinsicht geradezu überraschende Erfolge erzielten.

Bei Gebrüder Sulzer, die in einer Abteilung in engster Verbindung mit der Textilindustrie arbeiten, in der anderen in maßgebender Weise Zentralheizungen ausführen und in der dritten große Kesselanlagen und Dampfmaschinen bauen, lag es besonders nahe, im gegenseitigen Zusammenarbeiten dieser Abteilungen die Wirtschaftlichkeit derjenigen Anlagen zu erhöhen, bei denen gleichzeitig Dampf für Wärme- und Kraftzwecke benutzt wird. Die erste Anlage mit Abdampfverwertung (Zwischendampfentnahme) wurde von der Firma 1887 praktisch durchgeführt, und zwar in der Dampfmaschinenanlage einer Spinnerei in Turin, wo die Wärme des Auspuffdampfes planmäßig zu Trockenzwecken im großen Maßstabe herangezogen wurde.

Das Bestreben, in dem scharfen Wettkampf mit den anderen Firmen die eigenen Anlagen wirtschaftlich vorteilhafter zu gestalten, führte dann dazu, die Frage der Abdampfverwertung weiter durchzuarbeiten. Man kam so im Laufe der Jahre zu zwei Hauptbauarten — der Abdampf- und der Zwischendampfverwertung —, die heute beide, in zahlreichen Anlagen durchgeführt, bemerkenswerte Ergebnisse erzielt haben. Zu der ersteren Bauart gehört u. a. die Abdampfheizanlage der Metallwarenfabrik von Wieland & Co. in Ulm. Hier besteht der maschinelle Teil aus einer Verbundmaschine mit Kondensation und aus einer mit dieser Maschine auf dieselbe Welle kuppelbaren Einzylindermaschine, die in der kalten Jahreszeit in Betrieb genommen wird und deren Abdampf als Heizdampf gebraucht wird. Da der Wärmebedarf der Heizung veränderlich ist, so muß die Dampfzuführung zur Einzylindermaschine entsprechend reguliert werden. Das geschieht selbsttätig durch einen Quecksilberregulator, Bauart Sulzer, der die Steuerung der Maschine entsprechend dem Abdampfbedarf so einstellt, daß der Auspuffdruck stets der gleiche bleibt. Die fehlende Kraftleistung wird dabei von der mit einem Geschwindigkeitsregulator versehenen Verbundmaschine geliefert.

Die zweite Hauptbauart derartiger Anlagen ist gekennzeichnet durch die Dampfentnahme zwischen zwei Zylindern. Die Fig. 48 bezieht sich auf eine derartige

Anlage. Sie zeigt in übersichtlicher Darstellung die Wärmebilanz dei Brauerei Leicht in Vaihingen bei täglich rund 1000 hl Bierproduktion. Wir sehen hier die Leistung der in den Kesselanlagen erzeugten Wärmemenge auf die einzelnen Betriebszwecke verteilt und können auch erkennen, welche Wärmemengen als Verluste in der Betriebsrechnung zu buchen sind. Das Gesamtergebnis läßt auch zu-

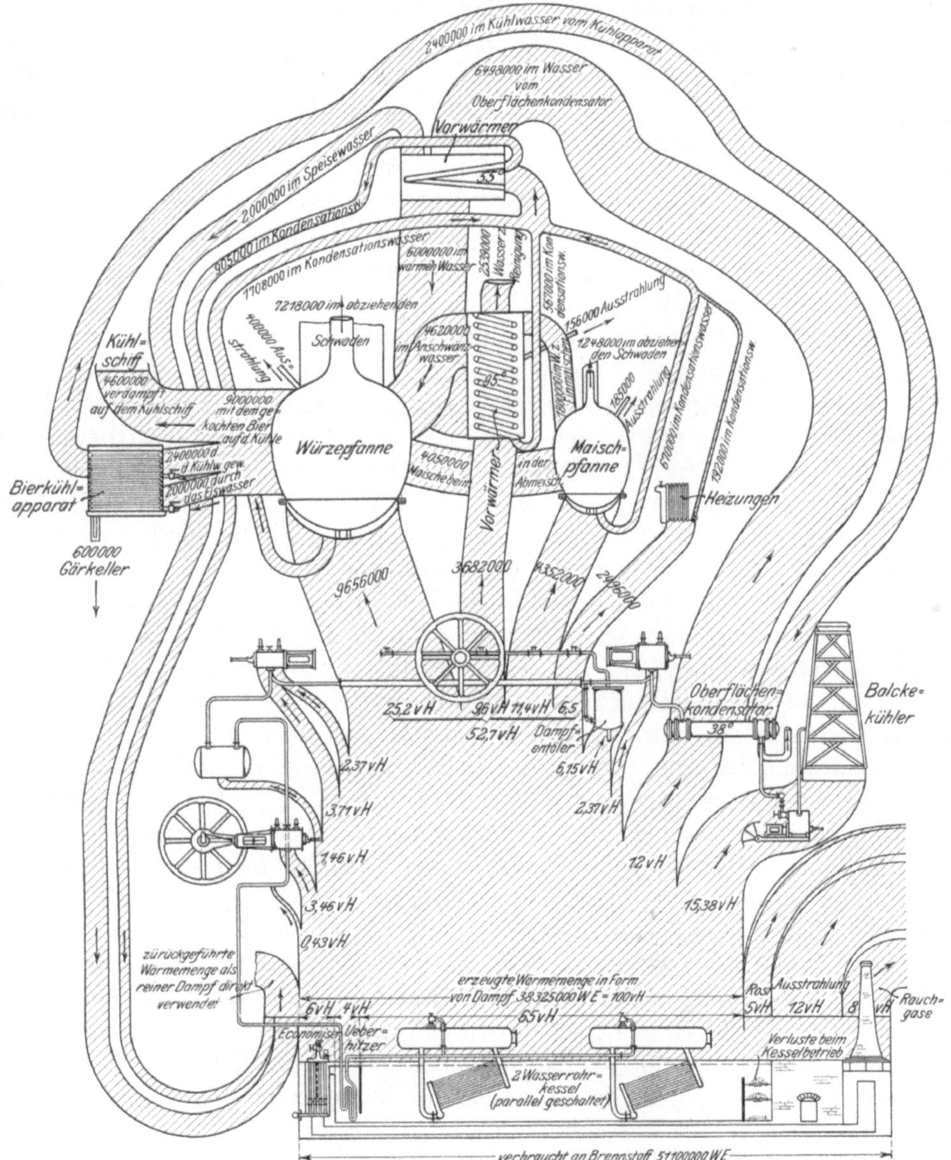

Fig. 48. Darstellung des Wärmeverbrauchs einer Brauerei.

gleich die hohe wirtschaftliche Bedeutung derartiger einheitlich durchgearbeiteter Anlagen erkennen, denn während man bei gewöhnlichen Dampfkraftanlagen mit einer Wärmeausnutzung von 14 bis 16 vH schon zufrieden sein muß, hat man hier eine Gesamtwärmeausnutzung von 76,65 vH erreicht.

Daraus ergibt sich ohne weiteres, daß den Dampfkraftmaschinen auf allen den Gebieten, wo zugleich auch die Wärmeverwendung praktisch möglich ist, noch ein großes Absatzgebiet bleiben wird, selbst dann, wenn den Gaskraftmaschinen noch weitere große Erfolge beschieden sein sollten. Zu dem Verwendungsgebiet derartiger Anlagen gehören vor allem Brauereien, Textilfabriken und weiter alle Anlagen, die Wärmemengen zu Heizzwecken brauchen. Auch große Elektrizitätswerke haben bereits ihre Anlagen von Anfang an so eingerichtet, daß der aus den Maschinen entnommene Dampf in Fernheizwerken verwertet werden kann.

Da die Bedeutung der Abwärmeverwertung erst seit wenigen Jahren allgemeine Beachtung gefunden hat, ist es bemerkenswert, daß Gebrüder Sulzer schon in den 80er Jahren mit weitsichtigem Blick deren Bedeutung richtig erkannten und konstruktiv schon damals weiter ausbildeten.

5. Die Dieselmaschinen.

Im letzten Drittel des vorigen Jahrhunderts begann mit den Gasmaschinen eine neue Art der Wärmekraftmaschinen sich für bestimmte Verwendungszwecke bemerkbar zu machen. Mit großen Hoffnungen hatte man die ersten praktisch brauchbaren Gasmaschinen begrüßt, glaubte man doch, mit ihrer Hilfe jetzt neben dem durch die Dampfmaschine ermöglichten Großbetrieb einen leistungsfähigen Kleinbetrieb erhalten zu können. Der in jener Zeit sehr stark zunehmende Kraftverbrauch ließ die Dampfmaschine noch sehr wenig von dem Wettbewerb der Gasmaschine fühlen. Das Gebiet der Kleinkraftmaschinen wurde ihr von den großen Firmen gern überlassen. Ernste Beachtung in den Kreisen des Dampfmaschinenbaues fand die Gasmaschine erst dann, als sie sich durch weitere Ausbildung der Generatorgasanlagen von der Benutzung des teueren Leuchtgases frei machte und auch dazu überging, die Abgase der Hochofenanlagen zu verwerten. Jetzt sprengte die Verbrennungskraftmaschine auch die engen Grenzen, die bisher ihren Leistungen gezogen waren. Die Zeit, in der man Gasmaschinen von 20 und 50PS als Großgasmaschinen bezeichnet hatte, schwand in den 90er Jahren sehr bald dahin. Das ganze Arbeitsgebiet kam in eine sich zeitweise fast überstürzende Entwicklung, in der es manchmal den Anschein hatte, als ob nunmehr die Gasmaschine der Dampfmaschine ganz den Garaus machen wollte. Eine große Zahl im Dampfmaschinenbau maßgebender Firmen nahmen den Gasmaschinenbau auf und verstanden es, die Entwicklung der neuen Maschine durch Übertragung ihrer Erfahrungen aus dem Gebiete der Dampfmaschine sehr wesentlich zu fördern. Es war deshalb selbstverständlich, daß nunmehr auch Gebrüder Sulzer sich ernsthaft mit der Frage, ob sie den Bau von Gasmaschinen aufnehmen sollten, beschäftigen mußten. Auch hier hat die Firma, lange bevor die Öffentlichkeit davon etwas erfuhr, eingehende Versuche gemacht und die Vorteile und Nachteile der verschiedensten Bauarten untersucht. Das Ergebnis aller dieser Arbeiten ging jedoch dahin, zunächst jedenfalls das große Arbeitsgebiet der Firma nicht durch Aufnahme der Gasmaschine noch zu erweitern. Dieser Entschluß konnte um so leichter gefaßt werden, als man gleichzeitig in der Aufnahme des Dampfturbinenbaues ein neues großes Arbeitsfeld vor sich sah und die Möglichkeit hatte, sich auch auf dem Gebiete der Verbrennungskraftmaschinen durch Aufnahme des Baues von Dieselmaschinen an der Entwicklung der zukunftsreichen Verbrennungskraftmaschinen zu beteiligen.

Die Dieselmaschine ist aus theoretischen Betrachtungen entstanden, die Rud. Diesel 1893 in einer kleinen Schrift „Theorie und Konstruktion eines rationellen Wärmemotors" veröffentlicht hat (Zeitschr. d. Vereines d. Ing. 1893, S. 291). Unter seiner persönlichen Leitung hat sich dann die Maschinenfabrik Augsburg das Hauptverdienst erworben, die vorgeschlagene Maschine bis zu ihrer Marktfähigkeit durchgebildet zu haben. Bis 1897 waren die schwierigsten Aufgaben gelöst, eine praktisch brauchbare, wirtschaftlich große Vorteile bietende Wärmekraftmaschine war geschaffen worden. Gebrüder Sulzer hatten gleich im Anfang die Bedeutung des Dieselschen Erfindungsgedankens erkannt und sich schon 1893 das Recht zum Bau von Dieselmaschinen gesichert. Die erste Versuchsmaschine wurde 1896 in Winterthur gebaut, die Fabrikation im großen aber erst 1903 aufgenommen. Die sehr schnelle Entwicklung dieser Abteilung, Fig. 49, führte dann dazu, 1908 auch in Ludwigshafen (Rhein) den Bau von Dieselmaschinen einzuführen. Unter Benutzung der konstruktiven Erfahrungen von Gebrüder Sulzer sind eine Anzahl Bauarten entstanden, auf die im folgenden noch kurz hinzuweisen sein wird.

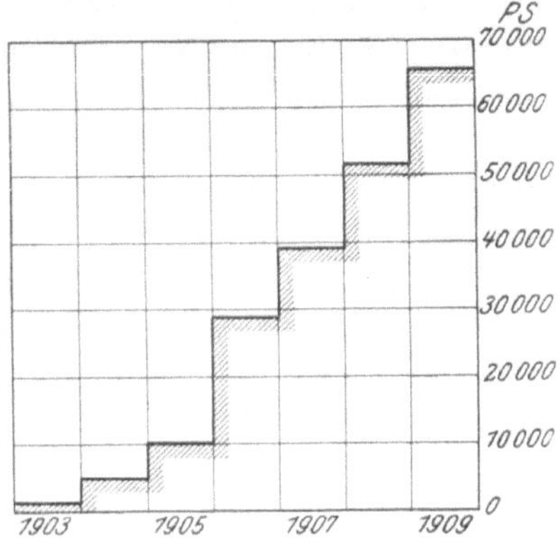

Fig. 49. Gesamtleistung der bis 1909 gelieferten Dieselmaschinen in PS.

Während in den bis zur Einführung der Dieselmaschine bekannten Verbrennungsmaschinen ein Gemisch von luft- und gasförmigem Brennstoff von verhältnismäßig niedrigem Druck durch ein äußeres Zündmittel zu explosionsähnlicher Verbrennung gebracht wird, verwendet Diesel hohe Luftdrücke vor Einführung des Brennstoffes. Die hohe Kompression erhitzt die Luft so stark, daß der Brennstoff im Arbeitszylinder sich von selbst entzündet. Die Einführung des Brennstoffes, die vom Regulator beeinflußt wird und dementsprechend auch die Verbrennung, erfolgt allmählich. Eine plötzliche, explosionsartige Druckerhöhung findet dabei nicht statt. Die normale Bauart der Sulzer-Dieselmaschine zeigt Fig. 50. Die Maschine ist stehend angeordnet, der unten offene Arbeitszylinder ist in den Mantel eingesetzt. Mit der Luftpumpe L wird die hochgespannte Druckluft erzeugt. Die Brennstoffpumpe B fördert das Brennöl nach dem Brennstoffventil V. Der Regulator R verändert die Menge des in fein zerstäubtem Zustande eingeführten Brennstoffes der Leistung der Maschine entsprechend.

Fig. 50. Dieselmaschine, Bauart Sulzer.

Die großen Erfolge der neuen, von Diesel geschaffenen Kraftmaschine ergaben sich unmittelbar aus ihren wirtschaftlichen Vorzügen. Die Brennstoffausnützung stellte sich überaus günstig. Bei einem Heizwerte von 10 000 Wärmeeinheiten wird heute ein Brennstoffverbrauch von 180 bis 220 g für 1 PSe-st garantiert. Bei einem Brennölpreis von etwa 6 Fr. pro 100 kg in der Schweiz stellt sich dabei die PSe-st auf 1 bis $1^1/_2$ Ct. Dieser niedrige Brennstoffverbrauch erhöht sich nur wenig bei abnehmender Belastung, also auch bei schwankender Kraftabgabe wird die Benutzung von Dieselmaschinen gute Ergebnisse liefern. Da Maschinen mit kleinen Kraftleistungen sich annähernd ebenso günstig im Brennstoffverbrauch stellen wie große Maschinen, so wird man bei Verwendung von Dieselmaschinen leichter zu einer Dezentralisation der Betriebe kommen können als bei Benutzung von Dampfmaschinen. Wenn man ferner berücksichtigt, daß hierbei weder Kohlen noch Schlacken zu transportieren sind, daß die Zuführung des Brennstoffes durch einfache Rohrleitungen sich leicht bewerkstelligen läßt und daß alle Einrichtungen, wie Gasgeneratoren, Dampfkessel usw. entbehrlich werden, so wird man die schnelle Einführung der Dieselmaschine verstehen können.

Fig. 51. Erste große Zweitakt-Dieselmaschine (750 PS), Bauart Sulzer.

Gebrüder Sulzer waren nach den Erfolgen mit den normalen Viertaktmotoren bestrebt, das Anwendungsgebiet der neuen Kraftmaschine zu erweitern. Von weittragender Bedeutung mußte es sein, wenn es gelang, die Dieselmaschine in das Gebiet des Verkehrs einzuführen. Zunächst dachte die Firma an die Benutzung als Schiffsmaschine.

Die Petroleum- und Benzinmotoren der alten Konstruktionen waren bereits auf den kleinen Vergnügungsbooten und Lastschiffen heimisch geworden. Auch in der Kriegsmarine für kleinere Boote und in neuerer Zeit vor allem für Unterseeboote hatten sie eine zukunftsreiche Verwendung gefunden. Gegenüber den Dampfmaschinen bieten gerade die Verbrennungsmaschinen für Schiffszwecke besondere Vorteile. Neben der besseren Brennstoffausnutzung bietet die Verwendung flüssiger Brennstoffe die Möglichkeit, an Raum zu sparen oder ohne Vergrößerung des hierfür erforderlichen Schiffsraumes den Aktionsradius des Schiffes zu erweitern. Wollte man aber die hierin liegenden Vorteile der Dieselmaschine voll ausnutzen, dann mußte sie ebenso wie die Schiffsdampfmaschine umsteuerbar ausgeführt werden. Gleichzeitig mußte man dahin streben, das Gewicht der Maschine zu verringern. Diese letzten Aufgaben verstand die Firma durch Einführung des Zweitaktverfahrens zu erreichen. Die erste praktisch brauchbare Zweitakt-Dieselmaschine wurde von Gebrüder Sulzer 1905/06 gebaut. Insofern als die Zweitaktmaschine eine besondere Spülpumpe zum Entfernen der Auspuffgase aus dem Zylinder braucht, ist sie in konstruktiver Beziehung nicht ganz so einfach als die Viertaktmaschine. Man wird deshalb das Zweitaktsystem besonders in solchen Fällen anwenden, wo — wie z. B. bei großen Maschinen — die Hinzufügung der Luftpumpe verhältnismäßig weniger zu bedeuten hat oder wo gerade — wie bei Schiffsmaschinen — der Betrieb und die Verminderung des Gewichtes in erster Linie in Frage kommt. Zweitakt-Dieselmaschinen für ortsfeste Anlagen werden deshalb von Gebrüder Sulzer erst von 600 bis 700 PS an empfohlen und sind schon bis 2000 PS ausgeführt worden. In ihrer Bauart gleichen sie den Viertaktmotoren. Die Fig. 51 zeigt eine derartige Zweitakt-Dieselmaschine mit unten angebrachter Luftpumpe von 750 PS.

Wie vorher bemerkt, hat die Firma das Zweitaktsystem auch auf alle umsteuerbaren Schiffsmaschinen übertragen. Hierdurch werden die umzusteuernden Abschlußorgane vermindert, so daß man an jedem Zylinder nur das Lufteinlaß- und das Brennstoffventil umzusteuern hat. Gewöhnlich werden diese Schiffsmaschinen mit 4 Zylindern ausgeführt, so daß ein zuverlässiges Anlaufen gewährleistet und ein gleichmäßiges Drehmoment erzielt wird. Die erste derartige umsteuerbare Diesel-Schiffsmaschine konnten Gebrüder Sulzer in der Abteilung für See- und Flußtransportwesen 1906 in Mailand ausstellen.

Die Vorteile der Dieselmaschine würden sich naturgemäß auch bemerkbar machen, wenn es gelingen sollte, sie so konstruktiv umzugestalten, daß sie in geeigneter Weise sich dem Lokomotivbetrieb anpassen könnte. Auch nach dieser Richtung hin arbeitet bereits die Firma seit 1905, wie sich aus den Patentschriften ergibt. Die Schwierigkeit der Aufgabe und der Wunsch, nur mit einer nach jeder Richtung hin durchgearbeiteten Konstruktion an die Öffentlichkeit zu treten, hat bisher von einer Veröffentlichung der erzielten Ergebnisse Abstand nehmen lassen.

6. Schiffbau und Schiffsmaschinen.

Aus der Entwicklung der Dampfmaschine und der Dieselmaschine ging bereits hervor, daß Gebrüder Sulzer sich auch mit den technischen Aufgaben des Verkehrs beschäftigt haben. Schon in den 60er Jahren trat die Aufgabe an die Firma heran, nicht nur Schiffsmaschinen, sondern auch ganze eiserne Schiffe, zunächst nur für die Schweizerseen, zu liefern. Bei den kleinen, sehr bescheiden ausgestatteten Schiffen der damaligen Zeit war es nicht allzu schwierig, im Rahmen der andern Fabrikationsgebiete auch hier und da einen derartigen Schiffskörper herzustellen. Mit dem Größerwerden der Firma entwickelte sich, entsprechend den allgemein gestiegenen Ansprüchen, auch diese Abteilung. Die Schiffskörper werden in Winterthur zusammengebaut, dann auseinandergenommen und die bearbeiteten

Fig. 52. Kleiner Schraubendampfer um 1876.

Bleche und Winkel an den See geschafft, den das Schiff befahren soll, wo in der Werft der betreffenden Schiffsgesellschaft nachher der endgültige Zusammenbau erfolgt. Bei der Gründung von Ludwigshafen hatte man besonders daran gedacht, hier auf eigener Werft den Schiffbau gegebenenfalls noch weiter ausdehnen zu können. Wenn wir die Fig. 52, die einen kleinen Schraubendampfer von Gebrüder Sulzer aus den 70er Jahren darstellt, mit der Fig. 53, die uns den von der Firma 1909 gebauten Genferseedampfer „La Suisse“ zeigt, vergleichen, so sehen wir hierbei schon die gewaltige Entwicklung auf diesem Arbeitsgebiet. Das Schiffchen in der ersten Figur war 10 m lang und hatte eine Maschinenleistung von etwa 10 PS. „La Suisse“ hat eine Gesamtlänge von 76 m und kann 1500 Reisende aufnehmen. Die normale Maschinenleistung bei 10,5 at Überdruck beträgt 1100 PS. Die Verbundmaschine mit Ventilsteuerung am Hochdruck- und Schiebersteuerung am Niederdruckzylinder hatte bei den Abnahmeversuchen einen Kohlenverbrauch von nur 0,6 kg für 1 PS-st aufzuweisen. Eine neuzeitige schrägliegende Verbundmaschine mit Ventilsteuerung zeigt Fig. 54.

Fig. 53. Dampfschiff „La Suisse“.

Fig. 54. Schiffs-Verbundmaschine.

Die erste Dieselmaschine für Schiffszwecke baute die Firma 1904 auf einen Lastdampfer des Genfer Sees ein. Hier handelte es sich aber noch um eine normale Viertaktmaschine von 45 PS mit elektrischer Umsteuerung. Seit dem Jahre 1906 bauen Gebrüder Sulzer aber direkt umsteuerbare Zweitakt-Dieselmaschinen, die für Hafenschlepper, Flußboote, Personenboote usw. Verwendung finden. Die Fig. 55 zeigt einen solchen kleinen Hafenschlepper „Fortschritt“. Jedenfalls hat auch dieses Gebiet noch eine große Entwicklung vor sich.

Fig. 55. Hafenschlepper mit Dieselmaschine.

B. Allgemeiner Maschinenbau.

1. Die Zentrifugalpumpen.

Ein besonders kennzeichnendes Merkmal für die Entwicklung des Maschinenbaues ist die Steigerung der Geschwindigkeit. Der „Schnellbetrieb" ist heute die Losung. Höchst interessant ist es, zu beobachten, wie gerade im Laufe des letzten halben Jahrhunderts der relative Wert des Begriffes „schnell" sich verschoben hat. Für die größeren Geschwindigkeiten waren von vornherein Maschinen mit umlaufender Bewegung natürlich geeigneter als Maschinen mit hin und her gehender Bewegung. Und so sehen wir denn gerade diese Maschinengattung in den letzten Jahrzehnten einen ungeahnten Aufschwung nehmen. Allen voran ging hier die Elektrotechnik. Zum Antrieb durch Elektromotoren eigneten sich die Maschinen mit umlaufender Bewegung natürlich am besten und deshalb förderte die Einführung der Elektromotoren ihrerseits wieder die Verwendung von Maschinen, die sich unmittelbar mit dem Elektromotor kuppeln ließen. Es ist bezeichnend für den fortschrittlichen Charakter der Firma, daß sie auch gerade diese Gruppe der Maschinen frühzeitig in ihr Arbeitsgebiet hineingezogen und an ihrer weiteren Entwicklung bedeutsam mitgearbeitet hat. In die Gruppe dieser Maschinen, die wir in ihrem Entwicklungsgang innerhalb der Firma an dieser Stelle behandeln wollen, gehören die Zentrifugalpumpen, die Ventilatoren und die Turbokompressoren.

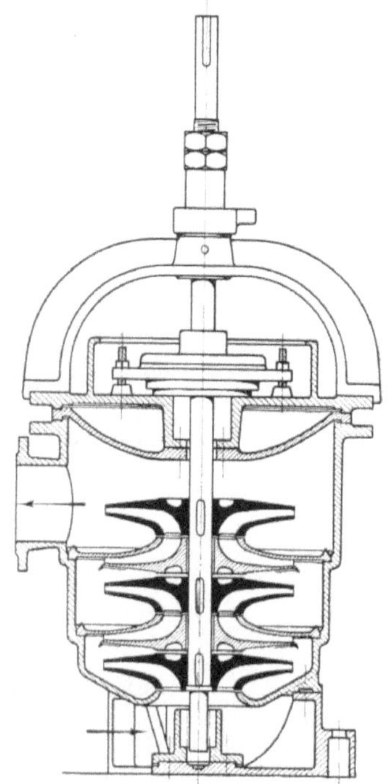

Fig. 56. Dreistufige Zentrifugalpumpe 1894.

Zentrifugalpumpen in der allgemein gebräuchlichen Anordnung und Ausführung hat die Firma schon in den 60er Jahren gebaut. In einem Prospekt vom Jahre 1873 empfiehlt die Firma derartige Zentrifugalpumpen für große Wassermengen bis auf 15 m Förderhöhe. Auch damals konnte sie schon darauf hinweisen, daß eine große Reihe eigener Versuche hiermit gemacht wurden, durch die eine zweckmäßige Konstruktion festgelegt werden konnte. Nur wenig änderte sich an diesen Pumpen im Laufe der 70er und 80er Jahre. Erst Anfang der 90er Jahre fing man wieder an, sich eingehender mit den Zentrifugalpumpen zu beschäftigen, um eine zum Antrieb durch Elektromotoren geeignete Pumpe zu erhalten. Man versuchte Zentrifugalpumpen mit mehreren Flügelrädern zu bauen. Eine solche dreistufige Pumpe, die 1894 für die erste Anlage zur hydraulischen Kraftaufspeicherung gebaut wurde, zeigt die Fig. 56. Leitapparate sind hier noch nicht vorhanden. Die besonderen feststehenden Kanäle führen das Wasser jedem Laufrade zu. Die Saugleitung ist unten, die Druckleitung oben angeordnet, während bei den heutigen stehenden Hochdruckzentrifugalpumpen der Firma die Anordnung der Leitung umgekehrt ist, so daß das Wasser die Pumpe in der Richtung von oben nach unten durchfließen kann. Der nächste Schritt zur heutigen Hochdruckzentrifugalpumpe geschah auf Grund weiterer Versuche im Jahre 1896. Aus den Fig. 57 und 58, die in der Schweizerischen Patentschrift vom 4. Juni 1897 wiedergegeben sind, ersieht man, daß hier das Flügelrad der Pumpe von einem konzentrisch angeordneten

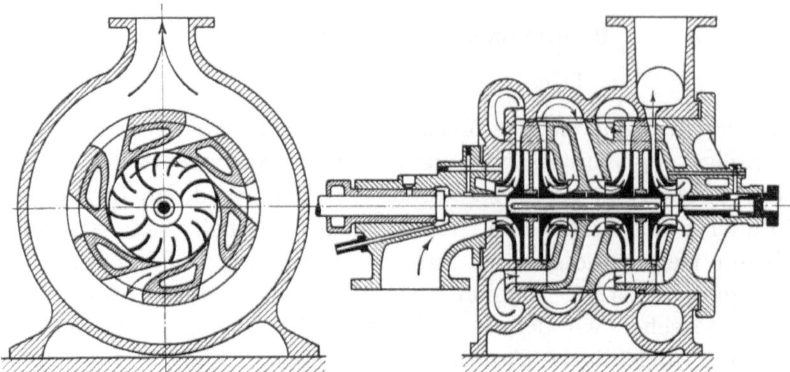

Fig. 57 und 58. Zentrifugalpumpe mit Leitapparat 1896.

Leitapparat mit allmählich nach außen sich erweiternden Leitkanälen umgeben ist. Die durch das Flügelrad gehende Flüssigkeit muß also zuerst die Kanäle der Leit-

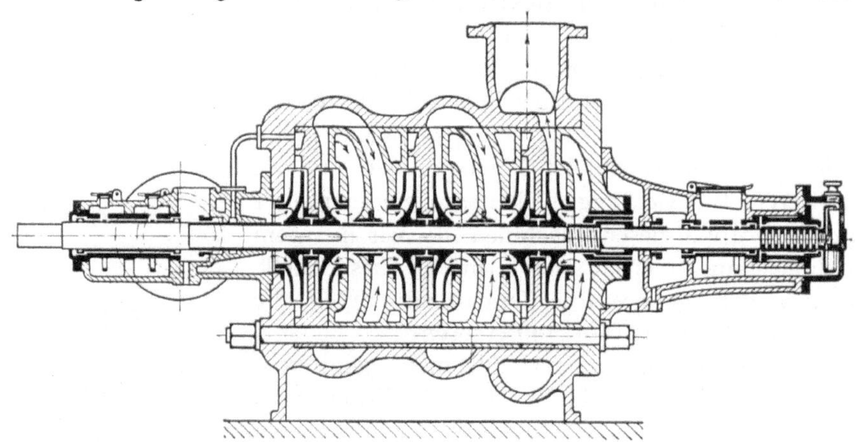

Fig. 59. Hochdruck-Zentrifugalpumpe. II. Ausführung.

apparate durchströmen, bevor sie in den Druckraum der Pumpe gelangt. Die erste solcher Pumpen konnte schon auf der Ausstellung in Genf 1896 gezeigt werden.

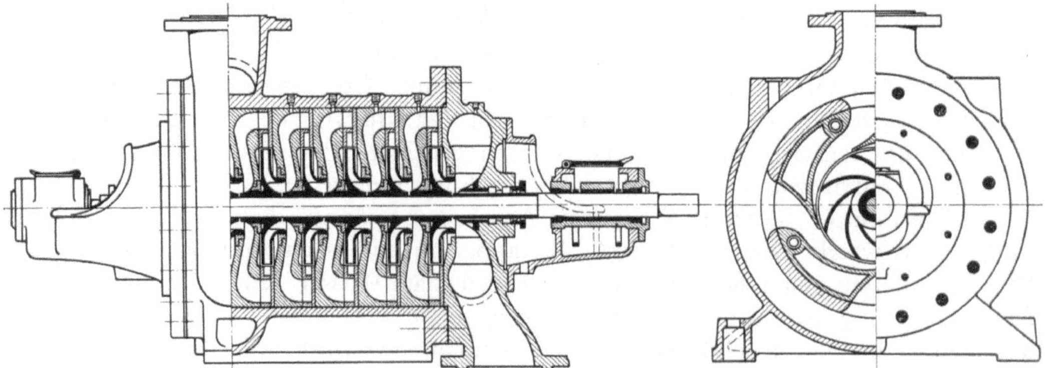

Fig. 60 und 61. Hochdruck-Zentrifugalpumpe 1905.

Man übertrug also hier auf die Zentrifugalpumpen die Erfahrungen mit den Wasserturbinen, und so sind auch die Hochdruckzentrifugalpumpen der Firma umgekehrte Reaktionsturbinen. Im Laufe der Jahre hat sich natürlich auch die Konstruktion weiter geändert. Der ersten Ausführung folgte die in der Fig. 59 dargestellte zweite Ausführung der Hochdruckzentrifugalpumpen, während die Fig. 60 und 61 die heutige Form darstellt. Während die Flügelräder früher paarweise symmetrisch zueinander angeordnet waren, um den Axialdruck zum größten Teil aufzuheben, werden heute die Flügelräder der meisten Pumpen alle mit dem Einlauf von der gleichen Seite ausgeführt, wodurch die Wasserführung wesentlich vereinfacht ist. Der Axialdruck wird durch eine Entlastungsscheibe aufgenommen.

Durch diese Verbesserungen der Zentrifugalpumpen, wodurch der Wirkungsgrad bis auf 80 und mehr vom Hundert sich steigern ließ und die erreichbare Förderhöhe auf viele Hunderte von Metern erhöht wurde, war naturgemäß das Anwendungsgebiet der Zentrifugalpumpe sehr erweitert worden. Sie traten nunmehr mit den seit Jahrzehnten aufs beste bewährten Kolbenpumpen in schärfsten Wettbewerb, und wenn sie auch heute den Wirkungsgrad der Kolbenpumpen noch nicht erreichen können, so ist das allein doch nicht ausschlaggebend für die Anwendung. Der geringe Preis — sie kostet nur etwa ein Drittel der Kolbenpumpe —, ihr geringer Raumbedarf, die Möglichkeit, sie in einfachster Weise durch Elektromotoren oder Dampfturbinen anzutreiben, die einfache Wartung, alles das spielt oft eine mindestens ebenso große Rolle wie der Nutzeffekt und entscheidet in vielen Fällen zugunsten der umlaufenden Pumpe.

Eins der größten Absatzgebiete für Pumpen bietet der Bergbau. Die Firma, die dies erkannte, suchte deshalb ihre neuen Zentrifugalpumpen von Anfang an auch als Wasserhaltungsmaschinen der Bergwerke einzuführen. Die erste große Wasserhaltungsanlage mit Hochdruckzentrifugalpumpen wurde von Gebrüder Sulzer 1898/99 für die Silbergruben Horcajo in Spanien ausgeführt. Hier hatte man noch mehrere Pumpen im Schacht übereinander angeordnet, von denen die eine der andern das Wasser zuhob. Bei späteren Ausführungen gelang es, mit Zentrifugalpumpen von einer Sohle aus das Wasser zu fördern. Die großen Vorteile dieser Anlagen zogen das Interesse des Bergbaues in großem Maße auf sich und förderten die Einführung. Sehr große Anlagen sind bisher bereits mit Hochdruckzentrifugalpumpen ausgeführt worden. So wurde 1908 von der Firma eine Pumpe geliefert, die in einem Gehäuse 6 cbm minutlich gegen eine gesamte Widerstandshöhe von 73,4 at zu fördern hatte.

Fig. 62. Abteufpumpe.

Führte sich so die Zentrifugalpumpe als Hauptwasserhaltungsmaschine neben der Kolbenpumpe in den Bergbau immer mehr ein, so wurde sie noch viel schneller als Abteufpumpe allgemein angenommen. Man benutzt hierzu senkrecht angeordnete Zentrifugalpumpen, die mit einem Elektromotor direkt gekuppelt sind. Die Fig. 62 zeigt die Gesamtanordnung. Diese freihängende Pumpe arbeitet ruhig und stoßfrei und gestattet große Wassergeschwindigkeiten in den Steigleitungen. Die erste Abteufpumpe wurde 1902 in Düsseldorf ausgestellt.

Der Saugraum liegt oben, der Druckraum unten. Dadurch wird der Druck nach unten aufgehoben und man hat die Möglichkeit, eindringende Luft oben abzufangen, bevor sie in die Pumpe gelangt. Dadurch lassen sich Betriebsstörungen vermeiden, was gerade bei Abteufpumpen von größter Wichtigkeit ist.

Neben dem Antrieb durch Elektromotoren kommt für große Anlagen heute auch die Dampfturbine in Frage. Neben dem Bergbau bieten die Wasserwerke der Städte ein zweites großes Absatzgebiet auch für die Zentrifugalpumpen. Schon 1897 haben Gebrüder Sulzer für das Genfer Wasserwerk eine Zentrifugalpumpe, von einem Elektromotor von 1000 PS angetrieben, gebaut. Es waren hier 22,5 cbm Wasser minutlich auf 140 m zu fördern. Zu den besonders ausgedehnten Wasserversorgungsanlagen mit Hochdruckzentrifugalpumpen gehört das Wasserwerk der Stadt Mailand, das 10 einzelne Pumpstationen umfaßt, ferner das Wasserwerk der Stadt Lyon mit einem gesamten Kraftbedarf von über 4000 PS.

Sehr interessante Verwendungsarten der Zentrifugalpumpen finden wir dann ferner bei den Kraftaufspeicherungsanlagen. Die erste derartige Anlage wurde von der Firma für eine Weberei in Creva-Luino (Italien) 1894 ausgeführt. Die Zentrifugalpumpe dieser Anlage haben wir bereits in der Fig. 56 kennen gelernt. Das Wesentliche dieser Anlage besteht darin, daß die Turbine in der Zeit, wo sie für Betriebszwecke nicht Verwendung findet, mittels der Zentrifugalpumpe Wasser hebt, das dann während der Betriebsstunden zur Vergrößerung der Leistung herangezogen wird.

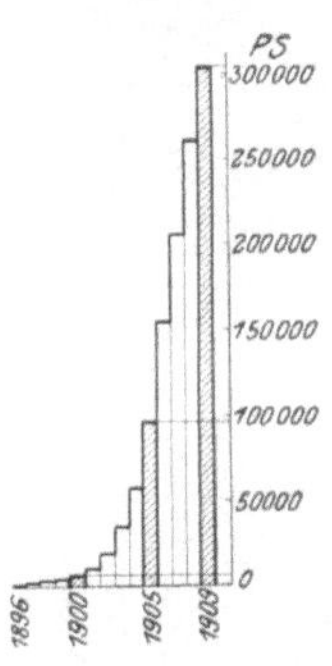

Fig. 63. Gesamter Kraftbedarf in PS der von 1896 an gelieferten Hochdruckzentrifugalpumpen.

Welch große Bedeutung gerade der Bau von Hochdruckzentrifugalpumpen innerhalb der Firma erlangt hat, ergibt sich daraus, daß bis zum April 1910 bereits derartige Pumpen einschließlich der Abteufpumpen von über 320 000 PS Kraftbedarf geliefert wurden, Fig. 63. Die größte bis dahin ausgeführte Pumpe entsprach einer Leistung von 4000 PS mit einem Flügelrad. Hierbei war ein Nutzeffekt von 80 vH gewährleistet.

Nachdem man bei den Hochdruckzentrifugalpumpen gesehen hatte, was sich durch eine zweckmäßige Konstruktion erreichen ließ, wandte man sich auch der weiteren Entwicklung der Niederdruckzentrifugalpumpen zu, und es gelang auch hier, sie so umzugestalten, daß sie mit wesentlich günstigeren Wirkungsgraden arbeiteten als bisher. Bei den kleineren Zentrifugalpumpen unterscheidet die Firma zwischen Pumpen mit konzentrischem Gehäuse und solchen mit Spiralgehäuse, welch letztere besonders für Anlagen, bei denen es auf günstige Wirkungsgrade ankommt, benutzt werden. Hiermit hat man bei ganz großen Pumpen Wirkungsgrade von 84 vH erreicht.

Zu den Anlagen, die hier als besonders bemerkenswert zu erwähnen sind, sind vor allem die großen Bewässerungsanlagen Ägyptens zu rechnen, wo Gebrüder Sulzer seit 1892 nicht weniger als 7 große Anlagen geschaffen haben, die in einem zwölfstündigen Arbeitstage rund 1 Mill. cbm Wasser den Ländereien am Nil zuführen und hierzu eine Arbeitsleistung von rund 7000 PS gebrauchen.

Im Anschluß an diese Darstellung der Zentrifugalpumpen ist zu erwähnen, daß von der Firma in engster Verbindung mit dem Bau von Kolbenmaschinen schon seit Jahrzehnten auch Kolbenmaschinen für Wasser- und Luftförderung, also Pumpen und Kompressoren mit hin und her gehender Bewegung gebaut wurden. Der Bau von Kolbenpumpen reicht bis zum Jahre 1853 zurück. Besonders für die Wasserwerke von Städten sind eine große Zahl von vollständigen Anlagen mit Dampfmaschinen und Pumpen geliefert worden, so u. a. für die Wasserwerke der Städte Bonn, Straßburg, Köln, Düsseldorf, Kairo usw. Meistens handelt es sich hier um Verbundventilmaschinen, die mit den Pumpen unmittelbar gekuppelt sind. Die Plunger der Pumpen sind auf die verlängerte Kolbenstange der Hoch- und Niederdruckseite aufgesetzt. Auch Kolbenkompressoren für Luft und Gas sind in den 90er Jahren von der Firma vielfach ausgeführt worden, meist für größere Anlagen in ähnlicher Anordnung wie die Kolbenpumpen für die Wasserwerke.

2. Die Ventilatoren und Turbokompressoren.

Neben den Zentrifugalpumpen gehören auch die Ventilatoren und die Turbokompressoren zu der großen Gruppe der neuzeitlichen Turbomaschinen. Der Verwendungszweck der Ventilatoren ist außerordentlich groß und Gebrüder Sulzer haben auf fast allen Gebieten ihre Ventilatoren angewandt und sie nach Möglichkeit den verschiedenen Ansprüchen anzupassen versucht. Schon in den 60er Jahren sind kleine Ventilatoren von der Firma ausgeführt worden. Im Laufe der Jahre hat sich dann dieses Arbeitsgebiet sehr erweitert. In der Hauptsache kann hier zwischen Ventilationsanlagen unterschieden werden, bei denen der Hauptzweck die Förderung von Luft oder Gas ist, und denen, bei welchen Luft nur als Mittel benutzt wird, um andere Stoffe, wie Staub, Späne oder andere kleine Körperchen mitzureißen. Natürlich lassen sich auch beide Arbeitsarten vereinigen. Aus dieser Unterscheidung ergeben sich die Hauptanwendungsgebiete. Da sich die Firma auf allen Gebieten nicht nur auf die Lieferung fertiger Maschinen beschränkt hat, sondern in ausgedehnter zivilingenieurartiger Tätigkeit vollständige Gesamtanlagen errichtet hat, so kommen natürlich auch in diesen die Sulzer-Ventilatoren zu ausgedehnter Verwendung. Es gehören hierher die Anlagen für Raumlüftung, Heizung, Luftbefeuchtung und Kühlung, dann ferner die Anlagen, um Rauch, heiße Gase und Luft, Hochofengase bei Gasmaschinenanlagen usw. zu fördern. Ferner gehören hierhin die Anlagen zur Erzeugung von künstlichem Zug. Ein wichtiges, von der Firma seit Jahrzehnten gepflegtes Gebiet sind die Anlagen, um heiße Luftströme bei Textilanlagen zu fördern. Hierhin gehören die Gewebe-, Spann- und Trockenmaschinen, die Garntrockenmaschinen, die Sengmaschinen usw. Ferner werden Ventilatoren benutzt zum Trocknen von Teigwaren, zur Erhöhung des Trockeneffektes bei Getreide, Dörrobst u. a. m. Führen wir ferner noch die Anlagen für Schmiedefeuer, Kuppelöfen, Staubabsaugungsanlagen und schließlich die große, sehr wichtige Gruppe von Anlagen für Gruben- und Tunnelventilation hinzu, so ergibt sich schon aus dieser Aufzählung, wie ausgedehnt dieses Arbeitsgebiet innerhalb der Firma ist.

Früher kam es hauptsächlich darauf an, möglichst große Luftmengen zu fördern und man kümmerte sich wenig um den Druckunterschied zwischen angesaugter und abgeführter Luft. Heute verlangt man für bestimmte Luftförderungsanlagen die Erzeugung eines großen Druckunterschiedes. Man kann deshalb heute auch nach dieser Richtung hin zwei Arten von Luftfördervorrichtungen unterscheiden, die einen arbeiten auf Menge, die andern auf Druck. Natürlich kann man diese Arten in entsprechender Weise vereinigen, so daß man allen Ansprüchen gerecht werden kann. Ferner kann man in konstruktiver Hinsicht unterscheiden zwischen Luftbewegungsvorrichtungen, welche die Luft einblasen, und solchen, welche Luft ansaugen, und ferner solchen, die Luft ansaugen und zugleich die angesaugte und gegebenenfalls hierauf zu komprimierende Luftmenge ausblasen.

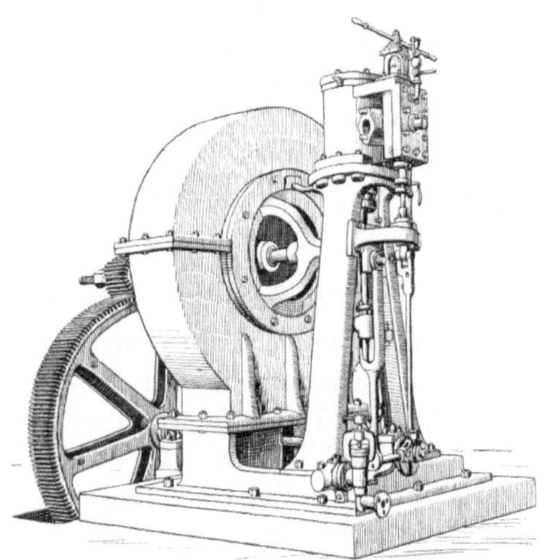

Fig. 64. Ventilator mit Kolbendampfmaschine um 1872.

Ohne daß es möglich wäre, im Rahmen dieser geschichtlichen Betrachtung auf die Beschreibung einzelner Anlagen einzugehen sei hervorgehoben, daß die Firma schon bei Anlagen in den 80er Jahren, die sie für Tunnelbauten erstellte (z. B. Arlberg-Tunnel 1882), nach dem Prinzip der jetzigen Turbokompressoren mehrere Flügelräder hintereinander geschaltet hat. Die heute gebräuchlichen Ventilatoren der Firma lassen sich unterscheiden in die Gruppe der Saug- und Druckzentrifugalventilatoren und in die Gruppe der Schraubenventilatoren.

Auf die früheren Ausführungen gestützt, hat man dann später eingehende Versuche mit Turbokompressoren angestellt. Die Ergebnisse führten dazu, den Bau derselben im großen aufzunehmen. Schon die ältere Bauart dieser Maschinen beruhte auf dem Prinzip der Sulzerschen Hochdruckzentrifugalpumpen mit Leitapparat. Die Luft trat in axialer Richtung ein und durchströmte nacheinander eine Anzahl Flügelräder. Aus dem letzten Flügelrad strömte die Luft einer Kühlvorrichtung zu, um nach Abschleudern des mitgerissenen Wassers in einem noch darauf folgenden Flügelrad in die Druckleitung einzutreten. Eine derartige Ausführung stammt aus dem Jahre 1901 und hat für Tunnelventilation vorübergehend Verwendung gefunden.

Fig. 65. Abdampf-Turbokompressor, 400 PS, 1909.

Besonders wertvoll für die Entwicklung der Ventilationsanlagen wurde die Möglichkeit, die schnelllaufenden Ventilatoren unmittelbar durch Elektromotoren oder Dampfturbinen anzutreiben. Die Fig. 64 und 65 zeigen zwei Anlagen, die ohne weitere Erklärungen den großen Unterschied zwischen alter und neuer Zeit erkennen lassen. Bei der einen handelt es sich um eine Ventilatoranlage der Firma aus dem Anfang der 70er Jahre, wo durch e'ne Kolbendampfmaschine mit einem großen Zahnradvorgelege der Ventilator angetrieben wird. Die zweite Abbildung zeigt einen Turbokompressor, unmittelbar angetrieben durch eine Abdampfturbine von 400 PS.

3. Eis- und Kälteerzeugungsmaschinen.

In den letzten Jahrzehnten hat die Technik ein neues großes Arbeitsgebiet, das sich mit der Eis- und Kälteerzeugung befaßt, geschaffen. Während man schon seit alters her unsere Räume künstlich erwärmte, ist es erst in neuerer Zeit gelungen, mit Hilfe von Kälteerzeugungsmaschinen planmäßig große Kühlanlagen zu schaffen, durch die es möglich ist, jede gewünschte Temperatur den Räumen zu geben. Welch große wirtschaftliche Bedeutung derartige Anlagen für die Nahrungs- und Genußmittelindustrie haben müssen, liegt auf der Hand. Während man sich früher notdürftig mit natürlichem Eis zu helfen suchte, kann man heute durch Anwendung künstlicher Kälte reine und trockene Luft herstellen.

Durch Verwendung von Kunsteis statt des Natureises kann man die Nachteile vermeiden, die in der Verunreinigung des Natureises begründet sind. Auf diesem Wege ist es möglich geworden, z. B. allen Anforderungen entsprechende Fleischkühlräume zu schaffen. Bahnbrechend auf diesem Gebiete arbeitete als Forscher und Konstrukteur gleich bedeutend C. Linde. Durch die freundschaftlichen Beziehungen der Firma zu ihm, die bis in den Anfang der 70er Jahre zurückreichen, wurden Gebrüder Sulzer veranlaßt, auch den Bau der Lindeschen Eismaschinen aufzunehmen. Schon 1877 wurden die ersten Versuche in Winterthur mit dieser Eismaschine gemacht. Die Kälteerzeugung beruht hierbei auf der Verdampfung von flüssigem Ammoniak bei niedrigen Temperaturen. Die Maschine kann als Kompressionskaltdampfmaschine bezeichnet werden und besteht in der Hauptsache aus einem schmiedeeisernen Röhrenapparat, dem Verdampfer, in dem Ammoniak verdampft wird, wobei der Umgebung Wärme entzogen wird. Ferner gehört dazu der Kompressor, eine Saug- und Druckpumpe, die die Ammoniakdämpfe ansaugt und den aus dem Verdampfer abgesaugten Dampf nach Bedarf komprimiert. Es gehört dann hierzu noch der Kondensator, ein ebenfalls schmiedeisener Röhrenapparat, der den im Kompressor auf höheren Druck und höhere Temperatur gebrachten Dampf aufnimmt und ihn unter Einwirkung des Kühlwassers verflüssigt. Unter eigenem Überdruck wird die Flüssigkeit dann in den Verdampfer zurückgebracht, um so im Kreislauf in jeder Stunde einige Male Kälte zu erzeugen. Die Verbindungsleitungen und die Regulierstation vervollständigen die Anlage. Während die Grundlage der Arbeitsweise beibehalten wurde, änderten sich naturgemäß die Konstruktionsformen mit den weiteren Fortschritten des gesamten Maschinenbaues. Vergleicht man z. B. die Kompressorgestelle von Anlagen, die zeitlich weiter auseinander liegen, so ergibt sich auch hier zuerst ein einseitiges Gestell mit Rundführung, während es später ebenso wie bei den Dampfmaschinen zu einem in eleganten Formen ausgeführten Bajonettrahmen übergeht. Abgesehen von der Schwierigkeit, alle Maschinenteile leicht zugänglich zu machen, erforderten die Stopfbüchsen und Dichtungen besondere Aufmerksamkeit der Konstrukteure.

Die Bestellungen für die Eismaschinen gingen zum Teil ein von der in Wiesbaden gegründeten Linde-Gesellschaft, zum Teil wurden sie von der Firma selbst eingeholt.

Die größten Produktionen von Eismaschinenanlagen finden wir in den 80er und 90er Jahren. Nachdem dann die größeren Städte die für sie erforderlichen Anlagen errichtet hatten, trat eine gewisse Sättigung ein. Verbesserungen in der Konstruktion und Steigerung in den Bedürfnissen sorgen aber auch hier dafür, daß die Entwicklung nicht unterbrochen wird.

4. Tunnelbohrung und Bohrmaschinen.

Gebrüder Sulzer sind von jeher nicht nur als Maschinenproduzenten, sondern auch als Zivilingenieure tätig gewesen. Zu den größten Aufgaben auf diesem Gebiete gehören ohne Zweifel die Tunnelanlagen, sind sie doch gerade bei der Herstellung und Durchführung des größten Tunnels der Welt, des Simplontunnels, an führender Stelle mitbeteiligt gewesen. Die ersten Arbeiten auf dem Gebiete lassen sich auf Sulzer-Hirzel zurückführen, dessen geologische Untersuchungen zu dem Bohrversuch bei Rheinfelden führten. Mit sachverständigem Interesse verfolgte er damals schon die Fortschritte des Gotthardtunnels, dessen Maschineneinrichtungen ihn viel beschäftigten. Die Maschinen, die damals den Tunnelerbauern zur Verfügung standen, waren noch nach jeder Richtung hin unvollkommen. Die Gesteinbohrmaschine arbeitete mit Luftbetrieb und mit stoßender Angriffsweise des Meißelbohrers. Bei dem geringen Wirkungsgrade der gesamten Anlage erforderte sie großen Kraftbedarf. Die stoßende Arbeitsweise verursachte zahlreiche Maschinenbrüche, die Leistungsfähigkeit war begrenzt und der große Lärm während der Arbeit, die gesundheitsschädliche Staubentwicklung waren weitere sehr unangenehme Zugaben. Diese Übelstände veranlaßten den berühmten Ingenieur und Tunnelerbauer Alfred Brandt, sich mit der Aufgabe, eine allen Ansprüchen möglichst gerecht werdende Bohrmaschine zu schaffen, zu beschäftigen.

Brandt fand die Lösung dieser Aufgabe in der von ihm herrührenden hydraulischen Drehbohrmaschine, auf deren Konstruktion er im Jahre 1877 ein Patent erhielt. Statt Preßluft wird hier Druckwasser verwendet und die Maschine arbeitet mit gleichmäßiger Drehbewegung unter steter Einpressung des Bohrers in das Gestein. Gebrüder Sulzer, die die weittragende Bedeutung dieses Erfindungsgedankens erkannten, erwarben schon 1876 das alleinige Ausführungsrecht der neuen Bohrmaschine. Unter eifriger Mitarbeit der Ingenieure der Firma hat dann in den Werkstätten von Winterthur die Brandtsche Bohrmaschine die Ausgestaltung erfahren, die sie heute noch als die bei weitem leistungsfähigste Maschine erscheinen läßt.

Gemäß der vorher erwähnten Wirkungsweise der Maschine sind zwei Organe erforderlich, von denen das eine, mit Differentialkolben ausgerüstet, den Hohlbohrer aus zähem Stahl mit scharfen gehärteten Zähnen gegen das Gestein vorzuschieben hat, während das zweite Organ ein zweizylindriger Druckwassermotor, der auf den Vorschubzylinder aufgeschraubt ist, die drehende Bewegung des Bohrers hervorzubringen hat. Die Bohrmaschine ist auf einer Spannsäule, die ihrerseits wieder auf einem Bohrwagen angebracht ist, angeordnet. Der durchschnittliche Druck, mit dem die Maschine arbeitet, schwankt je nach der Härte des Gesteins zwischen 30 und 100 at. Die Betriebskraft für eine Maschine liegt dementsprechend zwischen 11 und 27 PS. Die Leistung von zwei Bohrmaschinen, die benutzt werden, wenn es darauf ankommt, regelmäßige größere tägliche Fortschritte zu erzielen, richtet sich naturgemäß nach der Härte des Gesteines und schwankt bei 6 bis 7 qm Bohrlochquerschnitt etwa zwischen 10 und 4 m pro Tag.

Die Ausführung dieser Bohrmaschine durch Gebrüder Sulzer führte naturgemäß auch dazu, ganze Tunnelbauten zu unternehmen. Hieran beteiligte sich vor allem Hirzel-Gysi, der schon an dem Rheinfeldener Bohrversuch eifrig teilgenommen hatte. — Hirzel, am 1. März 1834 geboren, trat 1867 ins Geschäft ein und beteiligte sich dann in den 70er Jahren als Chef der Abteilung für Allgemeinen Maschinenbau vor allem an der Konstruktion und Ausbildung der Brandtschen Maschine. Schon 1877 konnte man am Sonnsteintunnel im Salzkammergut die Brandtsche Bohrmaschine praktisch erproben. In etwas verbesserter Form trat sie dann 1879 bei einem Kehrtunnel der Gotthardbahn in erfolgreichen Wettbewerb mit der Luftbohrmaschine und im Jahre 1880 konnte sie am Arlbergtunnel zeigen, daß sie den bisher bekannten Luftbohrmaschinen bei weitem überlegen war. Denselben Erfolg hatte sie 1881 bei dem 3,3 km langen Brandleitetunnel der Eisenbahndirektion Magdeburg. Die großen Erfahrungen, die man bei allen diesen Arbeiten gewonnen hatte, führten Gebrüder Sulzer dazu, 1890 der Jura-Simplonbahn ihre Vorschläge für die Durchführung des Simplon vorzulegen, die angenommen wurden. Die für diesen Zweck gegründete Baugesellschaft bestand aus den Ingenieuren Brandt und Brandau sowie Locher & Co., Gebrüder Sulzer und der Bank in Winterthur. Die Firma übernahm es, alle mechanisch technischen Aufgaben, d. h. die Bohrung, die Transportangelegenheiten, Kühlung, Ventilation usw. durchzuführen. Auch finanziell beteiligte sich die Firma in großem Maße. Winterthur wurde der Sitz der Gesellschaft. Die Arbeit wurde in Angriff genommen und nach Überwindung ausnehmend großer Schwierigkeiten, auf die man von Anfang an nicht hatte rechnen können, glücklich zu Ende geführt. Damit hat die Firma in sehr erheblichem Maße Anteil genommen an der Schöpfung eines der größten Ingenieurbauwerke aller Zeiten[1]). Besonders beteiligte sich von seiten der Firma an der Durchführung dieser Arbeiten der Nationalrat Ed. Sulzer-Ziegler, der nicht nur an der juristischen und finanziellen Leitung des großen Unternehmens teilnahm, sondern auch technisch in hervorragender Weise mit der Durchführung der von Gebrüder Sulzer übernommenen Arbeiten sich beschäftigte. Sulzer-Ziegler und der in Kassel lebende Zivilingenieur Brandau sind auch die einzigen, die heute noch auf Grund eigener persönlicher Erfahrung von der großen Arbeit erzählen können, die sie von führender Stelle aus geleitet haben. Hirzel, der 1897 starb, und Brandt, der 1899 dahin schied, war es nicht vergönnt, ihr Werk vollendet zu sehen. Oberst Locher, der bis zum Schluß an allen Arbeiten hervorragenden Anteil hatte, starb im Juni 1910. Erwähnt sei, daß natürlich auch im Bergbau die Brandtsche Bohrmaschine Verwendung gefunden hat. Das verbrauchte Preßwasser wird hier von den Wasserhaltungsmaschinen zutage gefördert. Um aber auch in Gruben, welche noch keine Wasserhaltungsmaschinen besitzen, in einfacher Weise das Wasser zu fördern, hat die Firma eine Zeitlang auch kleine hydraulische Wasserfördermaschinen gebaut. Zu einer größeren Bedeutung aber haben es derartige Anlagen nicht gebracht.

5. Geschütz- und Geschoßfabrikation.

Die ungewöhnliche Vielseitigkeit der Firma wird dadurch gekennzeichnet, daß sie auch auf diesem Gebiete mitgearbeitet hat. Heinrich Sulzer hatte in den 50er Jahren in England Gelegenheit, die Fabrikation gezogener Kanonen nach der Bauart Armstrong kennen zu lernen, da er an der Konstruktion der Werkzeugmaschinen für die Kanonenfabrik von Woolwich selbst beteiligt war. Er studierte die Frage in England eingehend. Seine Stellung hierzu kommt in einem Briefe, der mit Skizzen reich versehen war, zum Ausdruck. Es heißt darin: „Patriotismus und Ehrgeiz könnten mich der Sache geneigt machen, aber viel Vorsicht, viel Geistesarbeit und viel Geld ist dazu nötig. Die Hauptfrage ist: Können wir es machen, ohne dem Geschäfte zu schaden? Wenn ich heimkomme, können wir

[1]) Über die Durchführung des Simplontunnels s. Schweizerische Bauzeitung Bd. 38 und 39 sowie 47, ferner Z. d. V. d. Ing. 1904; Glückauf 1903 usw.

weiter darüber reden, und ich würde auch aus diesem Grunde gerne in die Artillerie eintreten. Ich will womöglich noch einmal ins Arsenal Woolwich gehen, um das Bleipressen anzusehen.“ 1860 nach Hause zurückgekehrt, diente Sulzer-Steiner bei der Artillerie, was ihm die Möglichkeit bot, praktische Erfahrungen zu sammeln. Zunächst handelte es sich darum, Geschosse für die 1862 in der Schweiz eingeführten ersten gezogenen Feldgeschütze zu liefern. Sulzer-Hirzel stellte selbst weitgehende Versuche an, die schließlich zu brauchbaren Ergebnissen führten. Von der Zeit an waren Gebrüder Sulzer mehrfach an den Geschütz- und Munitionslieferungen an die schweizerische Artillerie beteiligt und haben auch einige Male aus dem Auslande Aufträge erhalten. So haben Sulzer auch die ersten eisernen Lafetten 1862/63 für die Schweiz geliefert. Bei der darauffolgenden Einführung der Hinterladergeschütze finden wir sie ebenfalls beteiligt. In Winterthur wurden die Stahlrohre, wozu die roh vorgearbeiteten Blöcke aus Westfalen bezogen wurden, bearbeitet. Erst als man anfangs der 80er Jahre dazu überging, Ringgeschütze von Krupp einzuführen, verzichtete die Firma darauf, die zur Herstellung solcher Geschütze erforderlichen umfangreichen und kostspieligen Einrichtungen zu schaffen. Dagegen traf die Firma die Einrichtungen, um gepreßte Stahlgeschosse anzufertigen. In neuerer Zeit hat sie mehrfach große Lieferungen von Schrapnellhülsen und auch Granaten ausgeführt.

Als man in den 60er Jahren dazu überging, auch die Handfeuerwaffen als Hinterlader auszuführen, wurden auch Gebrüder Sulzer aufgefordert, sich an der Umänderung zu beteiligen. Trotz mehrfacher Bedenken, die gegen die Aufnahme einer dem eigentlichen Arbeitsgebiet so fernliegenden Fabrikation vorlagen, beteiligte sich die Firma schließlich doch daran. Man erkannte, daß nur, wenn es gelang, durchaus geeignete Spezialmaschinen hierfür zu schaffen, die Aufgabe mit einigem Gewinn durchzuführen war. Charles Brown und Siewerdt, der spätere verdienstvolle Direktor der Werkzeugmaschinenfabrik Oerlikon, standen als Konstrukteure ersten Ranges Gebrüder Sulzer zur Verfügung. Ihnen gelang es in kurzer Zeit, eine ganze Anzahl für die neuen Arbeiten geeigneter Werkzeugmaschinen zu schaffen. Dadurch war es Gebrüder Sulzer möglich, so vorteilhaft zu arbeiten, daß sie auch Bestellungen anderer Lieferanten, die mit der von ihnen bevorzugten Handarbeit nicht weiter kamen, übernehmen konnten. Mehr als das Doppelte des ihnen zugedachten Auftrages konnten sie so zu ihrem und der Schweiz Vorteil ausführen. Bei der Neubeschaffung der Hinterladergewehre sollte eine große Zahl von kleinen Geschäften berücksichtigt werden, so daß es für die Firma nicht vorteilhaft erschien, sich an diesen kleinen Aufträgen zu beteiligen. Man gab deshalb die Gewehrfabrikation in Winterthur vollständig auf. Nur die Fabrikation von gepreßten Stahlgeschossen erinnert noch an die umfassenden Arbeiten auf diesem Gebiete.

6. Verschiedenes.

Das Bild von der vielseitigen Ingenieurtätigkeit der Firma würde nicht vollständig sein, wenn man nicht wenigstens auch auf die Gebiete hinweisen wollte, die, ohne in ihrem Umfang sich mit den bisher behandelten Abteilungen messen zu können, doch auch ihrerseits dazu beigetragen haben, dem Namen Sulzer in den hierfür in Frage kommenden Abnehmerkreisen einen guten Ruf zu sichern. Blättert man die alten Prospekte durch, die, mit guten Zeichnungen versehen, ganz kurze sachliche Angaben über die einzelnen Maschinen enthalten, so staunt man über die Mannigfaltigkeit und über die gute konstruktive Durchbildung der schon in den 60er und 70er Jahren ausgeführten Maschinen. Neben den bereits früher erwähnten Maschinen finden wir hier Baumwollpressen und andere hydraulische Packpressen, Bleirohrpressen, Ölpressen usw. Das Gebiet der Holzbearbeitungsmaschinen ist vertreten durch vorzüglich durchgebildete Bandsägen, Hobelmaschinen, Kreissägen, Gattersägen. Interessant ist eine aus dem Jahre 1877 stammende vielseitige Holzbearbeitungsmaschine, die den Namen „Mechanischer Schreiner" führte. Die kleine Maschine gestattete kleine Gegenstände zu fräsen, bohren, hobeln, nuten und mit Keilen zu versehen. Auf dem Gebiet der Hebezeuge wurden schon 1870 einfache Windwerke verschiedenster Bauart, ferner kleine Drehkrane für Fabrikzwecke ausgeführt. Früher wurde schon erwähnt, wie vielseitig Charles Brown sich an der Konstruktion von Werkzeugmaschinen für die Metallbearbeitung beteiligt hat. Hier begnügte man sich aber meistens damit, die mannigfachsten Werkzeugmaschinen für den eigenen Betrieb herzustellen.

Der Bau von Werkzeugmaschinen und Hebezeugen ist, abgesehen von einigen Spezialmaschinen für den eigenen Betrieb, ganz aufgegeben worden. Geblieben aber ist die Abteilung für Textilmaschinen. Die engen Beziehungen zur Textilindustrie — lieferte doch die Gießerei von Anfang an Guß für die umliegenden Textilfabriken — führten sehr bald dazu, als man den Maschinenbau aufgenommen hatte, nun auch für die Textilfabrikation selbst verschiedenartige Maschinen zu bauen. Vor allem kamen hier Maschinen für die Bleicherei und Färberei in Frage. Schon in den 60er Jahren hatte man bemerkenswerte Konstruktionen geschaffen, wodurch auch auf diesem Gebiete sich die Firma bald einen Namen verschaffte. Allerdings fiel die Herstellung derartiger Einrichtungen doch aus dem großen Arbeitsgebiet der Firma heraus und deshalb hat man wohl zu keiner Zeit besonderen Wert auf die Vergrößerung dieser Abteilung gelegt. Dagegen hat man den Kundenkreis, den man hatte, sich erhalten, ihn langsam hier und da auch erweitert und diese ganze Arbeit mehr vom Standpunkt des Ingenieurs als von dem des Fabrikanten aus betrieben. Zum Ausgleich der Fabrikation in schlechten Zeiten bot auch diese Abteilung der Firma oft erhebliche Vorteile. Von den Maschinen und Apparaten, die heute noch gebaut werden, sind in erster Linie zu nennen die Bleichekessel und die Apparate zum Bleichen und Kochen von Textilfasern mit kreisenden Flüssigkeiten, Auslaugekessel, ferner Apparate zum Dämpfen, Nuancieren und Avivieren von Tüchern und Garnen, Gewebespann- und Trockenmaschinen eigener Bauart, Garnwasch- und Trockenmaschinen, Hydroextraktoren usw.

Ein kennzeichnendes Beispiel, wie die Firma durch ihre Zivilingenieurtätigkeit zu Arbeitsgebieten kam, die man in dem nach außen hin bekannten Rahmen der Firma kaum vermuten sollte, bietet die Abteilung von Apparaten zur Herstellung kondensierter Milch. Die Fabrikation von kondensierter Milch ist in der Schweiz besonders zu Hause. Die Firma hatte zunächst für diese Industrie mannigfache Anlagen, Kraftmaschinen, Heizungen u. dgl. zu liefern. Man wußte in der Schweiz, wie intensiv in Winterthur die verschiedenartigsten technischen Aufgaben durchgearbeitet wurden und so lag es nahe, die Firma zu bitten, auch auf dem neuen Gebiet zu arbeiten. So sind die ersten großen Anlagen für die Herstellung kondensierter Milch in Winterthur entstanden, und zwar die erste Ausführung 1874 für die Anglo-Swiss-Condensed-Milk Company in Cham, 1876 für Henry Nestlé usw. Zunächst führte man die Anlagen für die Schweiz aus, dann aber auch für die ausländischen Fabriken der gleichen Gesellschaften. Dadurch wurden wieder andere auswärtige Kunden herangezogen. Natürlich fielen hierbei auch den anderen Abteilungen der Firma oft bedeutende Aufträge zu. Durch diese Beziehungen kamen weiter auch Aufträge z. B. von Schokoladefabriken, für die in Winterthur eine große Zahl technischer Fragen eingehend erörtert wurden, woraus sich dann die hierfür geeigneten Konstruktionen von Maschinen und Apparaten ergaben. Da die aus Kupfer auszuführenden Vakuumapparate für derartige Anlagen viel gebraucht wurden, wurde den Werkstätten in Winterthur eine besondere Kupferschmiede angegliedert.

C. Die Heizungen.

Die Firma war als Eisengießerei begründet worden. Die Gießerei war deshalb auch lange Zeit die Hauptsache. Maschinenguß der verschiedensten Art ging aus der kleinen Werkstatt hervor und je nach Wunsch wurden auch schon die Stücke bearbeitet und für die Zusammensetzung der ganzen Maschine fertiggestellt. Die Tatkraft der Besitzer drängte aber weiter. Ein neues Fachgebiet wollten sie aufnehmen und es technisch und kaufmännisch weiter entwickeln. Und sie wählten sich als erstes damals das noch recht unbekannte und bescheidene Gebiet der Zentralheizung.

Fig. 66. Erster von Gebr. Sulzer erbauter Dampfkessel 1841.

Neben der Gießerei entstand nun eine Heizungsabteilung. 1841 wurde für das Gymnasium in Winterthur die erste Zentralheizung ausgeführt. Es war eine Dampfheizung, bei der man Dampf mit 0,3 at Spannung benutzte. Der Dampf wurde in einem Bouilleurkessel erzeugt, wie er von Woolf, dann von Edwards ausgeführt, lange Zeit besonders unter dem Namen französischer Kessel bekannt war, Fig. 66. Als Brennstoff bei dieser ersten Heizung diente noch das Holz. Das Heizungsschema zeigt Fig. 68. Der Dampf strömte in weiten schmiedeeisernen genieteten Röhren mit etwas Steigung nach den verschiedenen Abteilungen des Gebäudes. Das Kondenswasser floß in den gleichen Röhren zum Kessel zurück. Als Heizkörper dienten hier wie bei den späteren Anlagen, deren Schema sich aus Fig. 67 und 69 ergibt, teils wagerechte oder senkrechte schmiedeeiserne Röhren, die an ihren Enden kleine Entlüftungshähne *a* hatten. Von hier aus wurde die Luft in einer Kupferrohrleitung in den Kesselraum geführt. Sie endete hier in einen Hahn *c*, mit dem man den nachströmenden Dampf absperren konnte. Diese Dampfheizung setzte man, je nachdem wie die Witterung war — längere oder kürzere Zeit — bevor man die Räume benutzen wollte, in Betrieb und hielt sie während der Benutzung etwa 2 bis 6 Stunden im Gange. Bis 1851 wurden etwa 50 derartiger Anlagen, meist für Fabriken, hergestellt.

Die Heizungsanlagen an sich wurden verbessert durch Einführung von Abschlußventilen *f*, Fig. 69 und 70, wodurch man z. B. die einzelnen Stockwerke in hochgebauten Spinnereien und Webereien abtrennen konnte.

Gerade für diese Betriebe hatte man anfangs vielfach auch die uralte Feuerluftheizung zu benutzen versucht, die im wesentlichen darin besteht, daß man die Luft in einem gußeisernen Luftheizungsofen erwärmt, um sie dann in Kanälen den zu erwärmenden Räumen zuzuführen. Viel Freude aber hat man mit dieser Art Heizung nicht erlebt. Bei der Textilindustrie kam neben anderen Nachteilen noch die Eigenschaft zur Wirkung, daß die durch ihre Erwärmung trocken gewordene Luft die Verarbeitung der Baumwolle sehr erschwerte. Es gelang daher der Firma besonders in solchen Betrieben ihre Dampfheizungen einzuführen. Ein Nachteil war noch die Rückleitung des Kondenswassers in den Heizröhren, die große Abschlußventile nötig machte, die nur in beschränktem Umfange benutzt werden konnten.

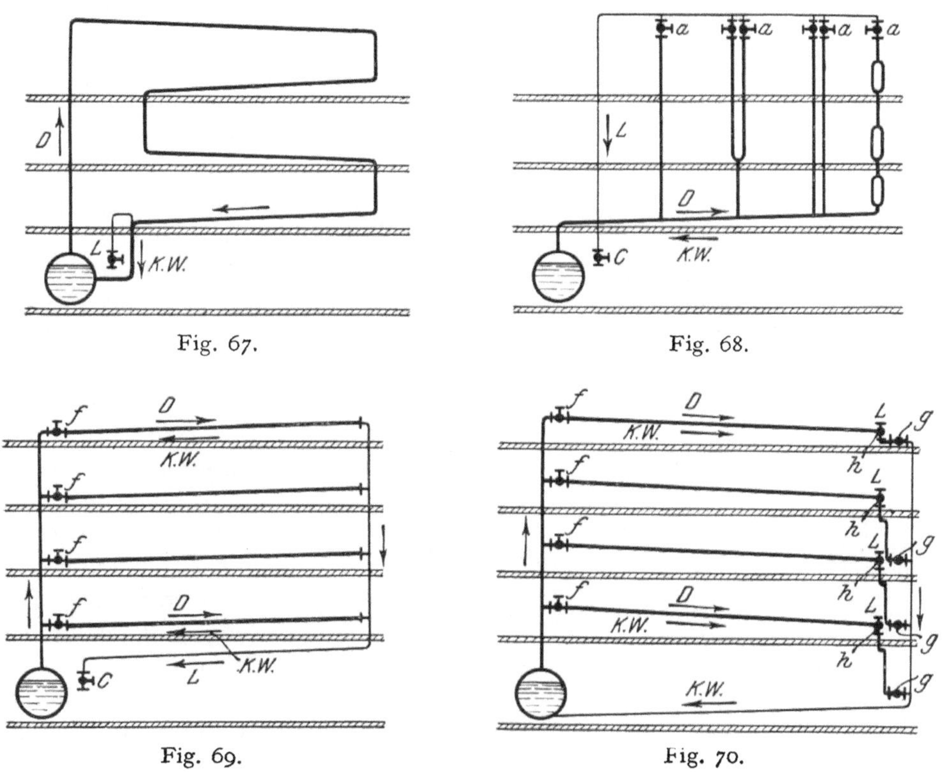

Fig. 67. Fig. 68.

Fig. 69. Fig. 70.

Fig. 67 bis 70. Schematische Darstellungen von Heizungsanlagen.

Man mußte der Dampfzuströmung in der betreffenden Abteilung entweder den vollen Querschnitt freigeben oder sie gänzlich absperren, weil sonst bei nur teilweise geöffneten Ventilen der Dampf unter starkem Geräusch das Kondenswasser am Rückfluß hinderte. Es war deshalb ein wesentlicher Fortschritt, als man das Kondenswasser getrennt ableitete, wobei man Rückschlagventile *g* für die absperrbaren Abteilungen anbrachte. An die Stelle der Entlüftungshähne traten dann auch bald selbsttätige Entlüftungsventile *h*, deren Wirkung auf der ungleichen Wärmeausdehnung zweier verschiedener Metalle beruhte. Wenn der Dampf sie erwärmte, schlossen sie sich; beim Erkalten öffneten sie sich wieder und ließen die Luft austreten. Durch diese Verbesserungen wurde es möglich, auch höhere Dampfspannungen anzuwenden. Man kam zu den Mitteldruckdampfheizungen von 1,5 bis 2 at, die in Fabriken, öffentlichen Gebäuden und auch größeren Wohnhäusern

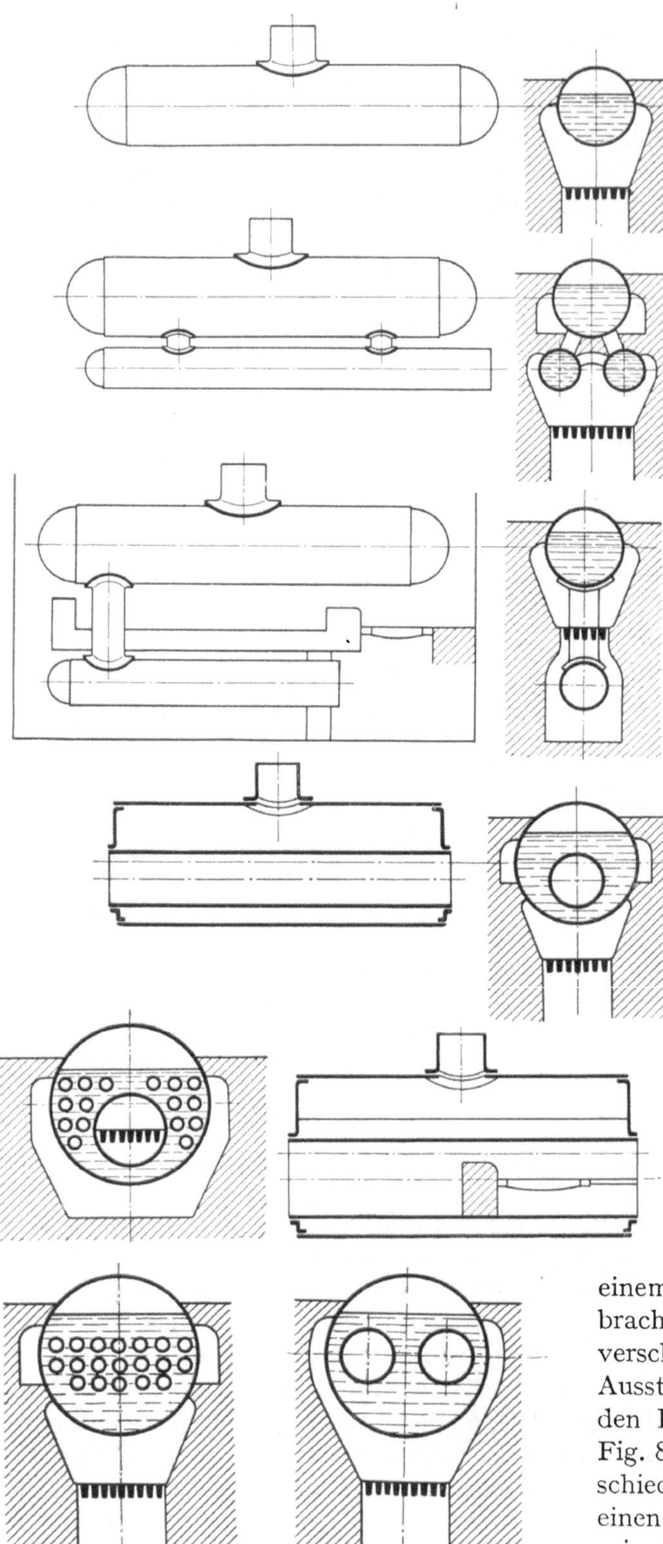

Eingang fanden. Bis zum Jahre 1866 hatte die Firma bereits mehr als 500 solcher Anlagen ausgeführt.

Eine Anzahl verschiedener Verbesserungen lassen sich auch bereits während der ersten Entwicklungsperiode feststellen. Die Fig. 71 bis 82 zeigen ein Schema der verschiedenen Bauarten von Dampfkesseln, die hierbei nach und nach Verwendung fanden. Zunächst wurde noch vielfach der einfache Walzenkessel mit Unterfeuerung angewendet. Gleichlaufend finden wir den Bouilleurkessel, dann den Rauchröhrenkessel und schließlich den Siederohrkessel. Alle diese Bauarten waren noch mit Unterfeuerung versehen.

Mit dem Jahr 1866 beginnt ein neuer Abschnitt in der Heizungsgeschichte der Firma durch Einführung der Dampfwasserheizung, Bauart Gebrüder Sulzer, die auf der Pariser Weltausstellung mit der goldenen Medaille ausgezeichnet wurde. Der Dampf umspült hier mit Wasser gefüllte Röhren, Kammern usw., die in einem sog. Wasserofen untergebracht sind, der als Heizkörper in verschiedenen äußeren Formen und Ausstattungen in den zu beheizenden Räumen aufgestellt ist. Die Fig. 83 und 84 zeigen zwei verschiedene Konstruktionen. Bei der einen tritt der Dampf, wie die Pfeile zeigen, in die vom Wasser umströmten Röhren *a* und aus diesen in die ringförmigen Räume *b*. Das Kondenswasser, das bei *c* überfließt, wird bei *d* abgeführt. Bei dem andern Ofen enthält der mittlere Zylinder *g* mehrere dünne von Dampf durchströmte Röhren, die die eigentliche Heizquelle bilden. Bei Herstellung dieser Heizungen wurde eingedenk des altväterischen Kachelofens mit seiner großen nicht allzusehr erwärmten Heizfläche möglichste Aufrechterhaltung einer wohltuenden Wärmeabgabe angestrebt. Andererseits hatte man aber auch die rasche Anheizmöglichkeit der Dampfheizung als Vorteil erkannt und versuchte alles das in der neuen durch Dampf beheizten, zum großen Teil mit Wasser gefüllten Ofenkonstruktion zu vereinigen. Der einmal erwärmte Wasserinhalt vermochte noch lange nach Abstellung des Dampfes gleichmäßige Wärme abzugeben. Außer hierin sah man noch Vorteile in der Ausschaltbarkeit jedes einzelnen Heizkörpers und in der Möglichkeit, diese Heizungen mit Ventilation unmittelbar zu verwenden. Die Heizkörper selbst fanden sehr willige Aufnahme und Verbreitung in ganz Europa. Gleichzeitig begann man auch die Dampferzeuger mit innerer Feuerung zu versehen und statt Holz Steinkohlen zu verwenden. Hierbei wurde der Dampf von rund 1,5 at in einem Hauptrohr bis oben hin zu einem

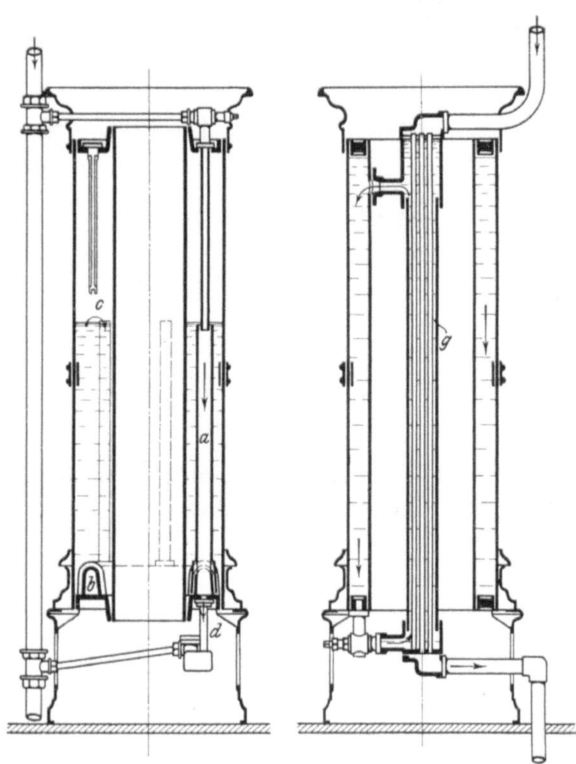

Fig. 83 und 84. Wasserofen, Bauart Sulzer 1866.

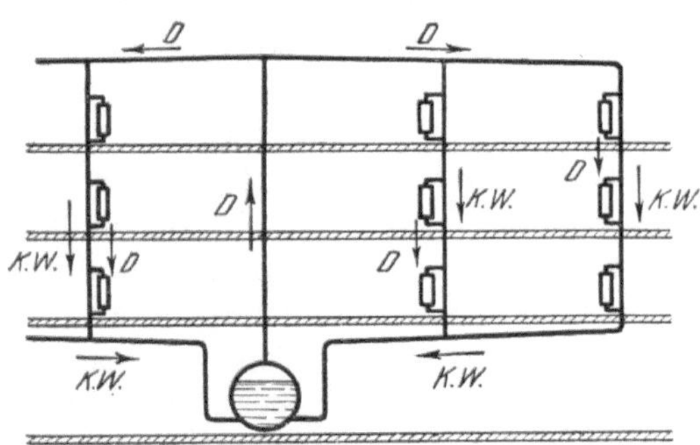

Fig. 85. Heizanlage.

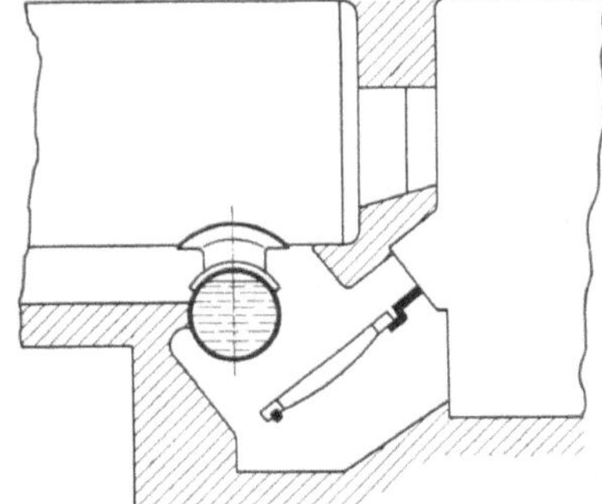
Fig. 86. Schrägrost von Ten Brink.

Verteilungsrohrnetz geführt, von wo aus er, Fig. 85, fallend den verschiedenen Heizkörpern, die ihr Kondenswasser an die gleiche Leitung abgaben, zugeführt wurde, und zwar derart, daß jeder einzelne Heizkörper ausgeschaltet werden konnte.

Die Verwendung der Steinkohle hatte infolge starker Rußbildung zunächst viele Gegner. Man versuchte deshalb alle möglichen Rauchverbrennungsvorrichtungen und

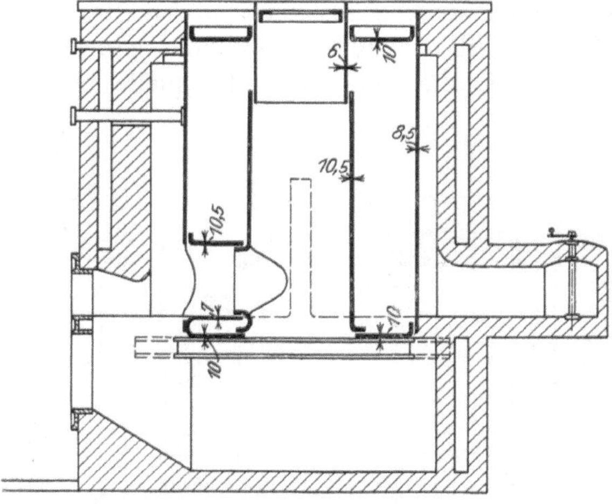

Fig. 87. Heizdampfkessel, Bauart Bechem und Post, Mitte 80er Jahre.

behielt dann als eine der besten die von Ten Brink, Fig. 86, bis zum Jahre 1884 bei. Später ging man zu der heute allgemein gebräuchlichen, fast ganz rauchlosen Koksfeuerung über.

1869 konnte man in der Irrenanstalt Königsfelden die erste Dampfluftheizung mit Ventilation ausführen, bei der die Luft nicht an feuerberührten Flächen, sondern indirekt mittels Dampf erwärmt und nicht durch ihren natürlichen Auftrieb, sondern mit Hilfe von Ventilatoren in Bewegung gesetzt wurde. Neben dieser Luftheizung hatte die Anlage noch eine normale Dampfheizung. Außer Dampf-, Dampfwasser- und Warmluftheizungen wurden auch damals schon Warmwasserheizungen ausgeführt. Kennzeichnend für diese gegenüber den heutigen Anlagen war, daß sie nicht dauernd, sondern nur stundenweise, zuweilen auch für den ganzen Tag betrieben wurden, um nachts aber immer wieder abgestellt zu werden. Hier waren es die Hagener Ingenieure Bechem und Post, die anfangs der 80er Jahre in bedeutsamer Weise Wandel geschaffen haben. Sie bauten die erste ununterbrochene Niederdruckdampfzentralheizung unter Verwendung von Koksdauerbrandöfen, Fig. 87, und bauten die Heizkörper in gut isolierte Kästen ein, deren Deckel, wenn geheizt wurde, je nach Bedarf mehr oder weniger geöffnet werden konnten. Der Heizkörper blieb in steter Verbindung mit der Heizquelle. Von der Bedeutung dieser Verbesserungen durchdrungen hat die Firma Gebrüder Sulzer während 12 Jahre sehr viel zur Verbreitung dieses Fortschrittes im Heizungsfache in der Schweiz, in Frankreich, in Italien und einem großen Teile Deutschlands beigetragen. Natürlich war hiermit die Entwicklung noch nicht abgeschlossen. Besonders klagte man über die erschwerte Reinigung der Rippenheizkörper und über die unvollkommene Regulierung der Zimmertemperatur. Man ging deshalb wieder zu der Ventilregulierung und den sichtbaren Heizkörpern für Niederdruckdampf und Warmwasser über, behielt aber die Dauer-

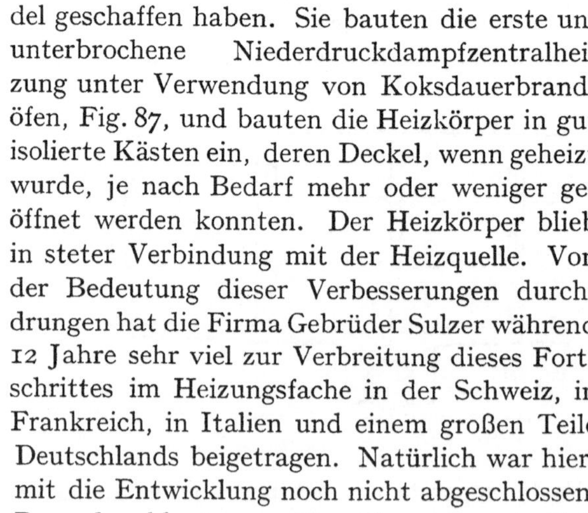

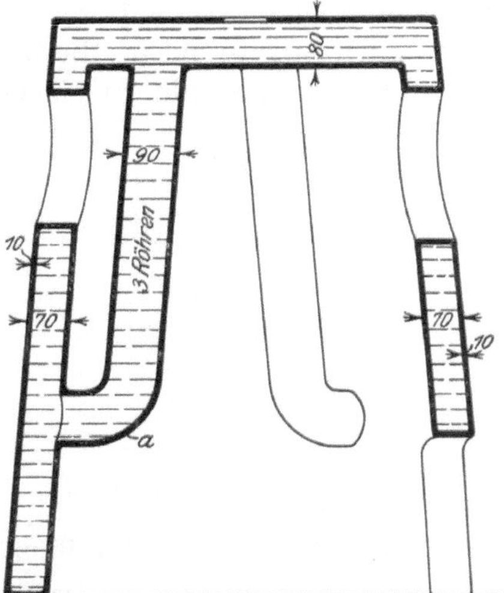

Fig. 88 bis 90. Geschweißte Heizkessel.

feuerung mit Koks, sowie die an den Dauerbrandkesseln zum erstenmal zur Anwendung gekommene selbsttätige Druck- bzw. Zugregulierung bei. Als Kessel für diese Warmwasserheizungen benutzte man anfangs unter der Bezeichnung Monarch, Independent, Paxton, Climax sehr kunstreich geschweißte Kessel englischer Herkunft, von denen die Fig. 88 bis 90 eine Vorstellung geben. Neben den guten Eigenschaften, die diese Kessel unstreitig besaßen, machte sich aber doch die Schwierigkeit bei einer Reparatur bemerkbar, so daß die Firma zur Fabrikation genieteter Kessel überging, Fig. 91 und 92. Auch diese Öfen waren für Dauerbrand mit Koks eingerichtet, wurden zuerst stets stehend, später für größere Anlagen auch wagerecht in die Ummauerung eingebaut. Die Rauchkanäle wurden durch Mauerwerk gebildet. Der Raumbedarf und die Anlagekosten waren dementsprechend ziemlich beträchtlich. Dies führte zur Einführung der gußeisernen Gliederkessel. Zunächst verwandte man den Strebelschen Gegenstromkessel, von dem man in den Jahren

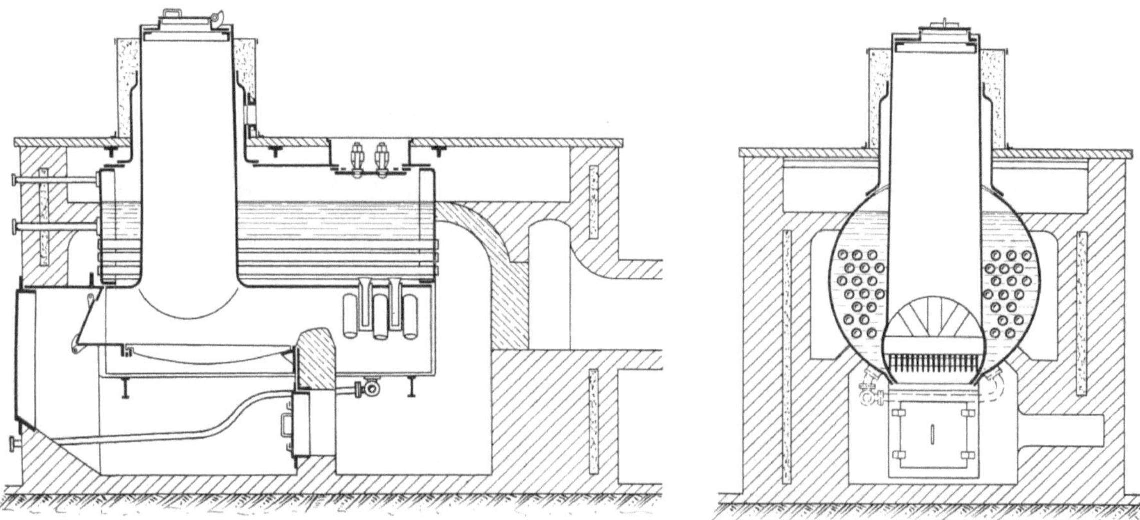

Fig. 91 und 92. Heizkessel (aus Schmiedeeisen).

1897 bis 1900 über 800 Stück bezog. Die hiermit gewonnenen Erfahrungen führten dann zu einer eigenen Konstruktion, die in dem 1900 von der Firma zuerst hergestellten Gliederkessel G. S. M. Gestalt fanden, Fig. 93 bis 95. Dieser Kessel besteht aus einer Anzahl hufeisenförmiger Glieder, die in entsprechender Weise zusammengefügt, die Feuerung umfassen. Die gewählte Form nimmt auf die Ausdehnung und Zusammenziehung des Eisens Rücksicht und verhindert nach Möglichkeit die durch Materialspannung entstehenden Brüche. Bei dem Heizkessel für die Niederdruckdampfheizung ist diesem Kessel noch ein ebenfalls gußeiserner Oberkessel, dessen oberer Teil als Dampfsammler dient, zugefügt. Die Kessel werden in neun Größen mit 4 bis 12 Gliedern und einer Heizfläche von 4,1 bis 13,7 qm entsprechend stündlichen Leistungen von 31 000 bis 103 000 WE gebaut. Bis Ende 1907 konnten bereits 4760 solcher Kessel in Betrieb genommen werden. Neben diesen gußeisernen Kesseln werden für größere Leistungen auch wagerechte Kessel aus schmiedbarem Eisen hergestellt, die Heizflächen von 14 bis 45 qm bzw. stündliche Leistungen in WE von 112 000 bis 360 000 ergeben.

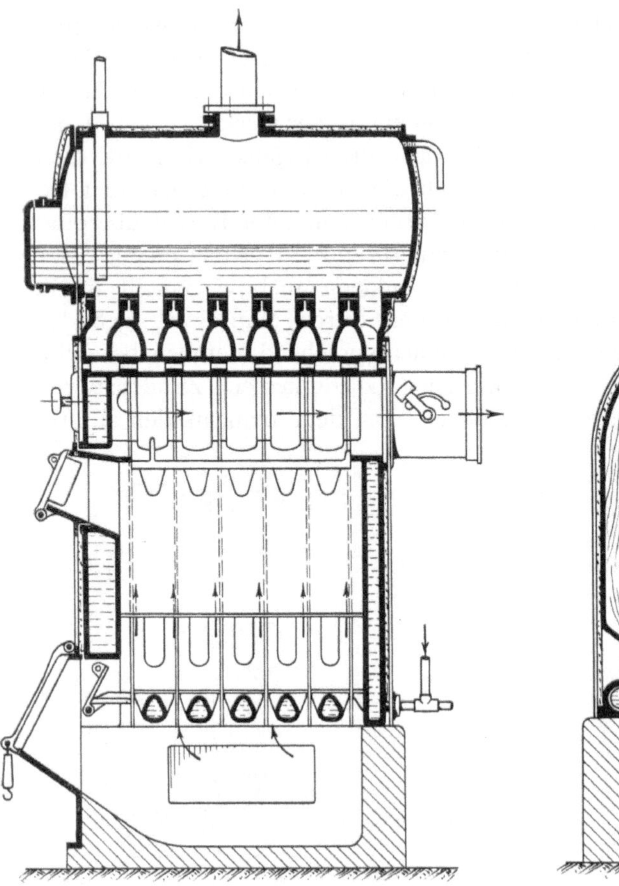

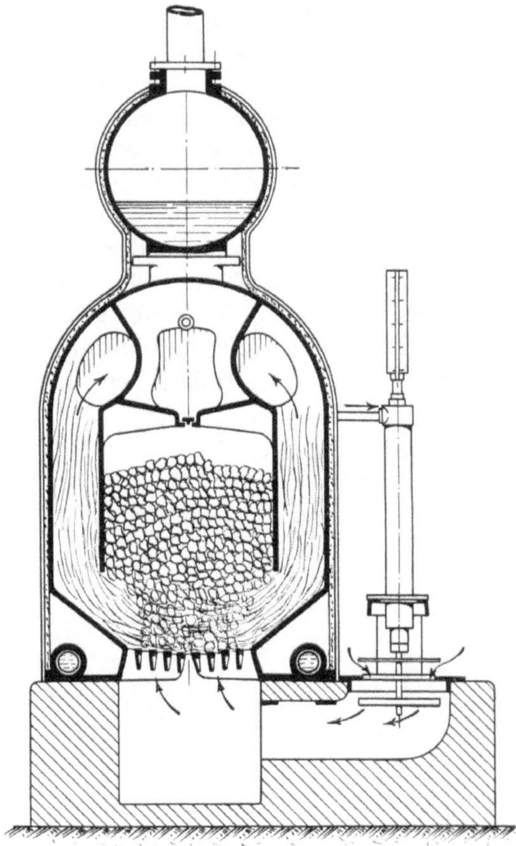

Fig. 93 bis 95. Gliederkessel, Bauart Sulzer 1900.

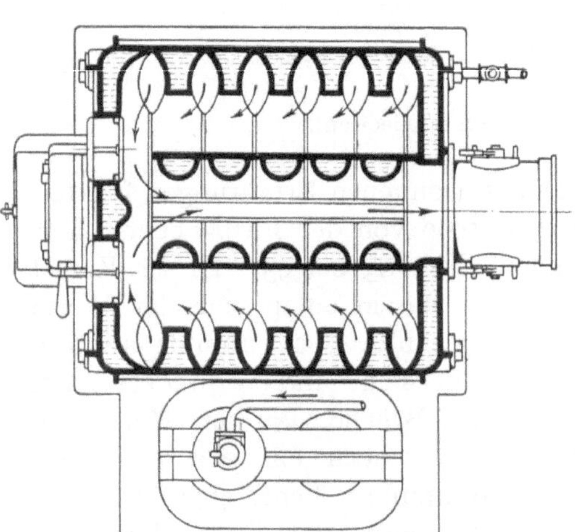

Das Schaubild Fig. 96 gibt eine Vorstellung von dem Anwachsen der Heizungsabteilung. Bis 1900 wurden von der Firma gegen 4000 Heizanlagen gebaut. In den ersten 9 Jahren des neuen Jahrhunderts kamen hinzu 5040. Davon waren Niederdruckdampfheizungen 1432, Warmwasserheizungen 2676. Daraus ergibt sich, in wie hervorragendem Maße gerade die Warmwasserheizung durch die Firma Verbreitung gefunden hat. Namentlich Sulzer-Steiner, der die Zukunft des Heizungsfaches richtig erkannte, andererseits aber auch die demselben noch anhaftenden Schwächen sah, bemühte sich viel um seine wissenschaftliche Ausgestaltung. An Stelle des früheren unsicheren Erratens und ängstlichen Zweifelns trat mit den Jahren die sichere Berechnung; die frühere Abschätzung des Wärmebedarfs der Räume nach dem Inhalt machte schon im Jahre 1878 der noch heute gebräuchlichen genauen Transmissionsberechnung Platz. So wurden auch schon frühzeitig die großen Vorteile der Warmwasserheizung gegenüber allen anderen Heizungsarten da erkannt, wo die Anpassungsmöglichkeit an die wechselnden Witterungsverhältnisse hervortritt, weil das Wasser als Wärmeträger schon mit einer Temperatur von etwa 30° C eine gewisse Heizwirkung in der ganzen Heizanlage hervorbringt. Durch entsprechendes Einstellen des Regulators kann man diese Wirkung jedem Bedürfnis anpassen. Ein Ventil ermöglicht ferner die Wärmeabgabe jedes einzelnen Heizkörpers zu regulieren bzw. aufzuheben. Dazu kommt noch eine äußerst einfache Bedienung und die vielfach als sehr angenehm empfundene milde Erwärmung der Heizfläche. Bei den Warmwasserheizungen ist man mit der Temperatur des Wassers ebenso wie bei den Dampfheizungen mit dem Dampfdruck gegen früher heruntergegangen. Von einer guten Warmwasserheizung verlangt man heute, daß das Wasser mit 30° C noch gut umläuft.

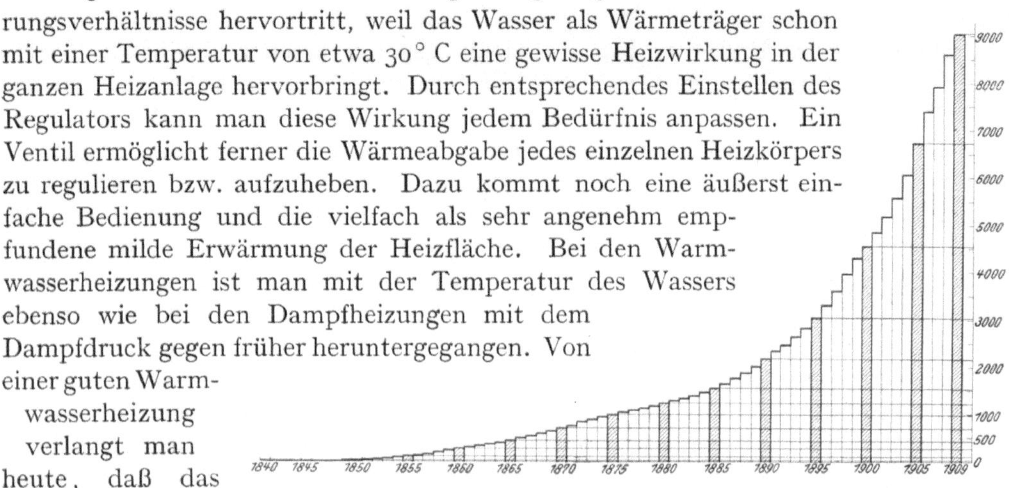

Fig. 96. Gesamtzahl der bis 1909 gelieferten Heizanlagen. (Die Höhe der Stufen gibt die Anzahl pro Jahr.)

Eine Neuerung, die insbesondere bei den großen Warmwasserheizungen der Firma in letzter Zeit ausgeführt wird, besteht in der Einschaltung von elektrisch angetriebenen Zentrifugalpumpen in das Rohrnetz. Nicht minder als die Bauart der gußeisernen Gliederkessel hat sodann zu den großen Erfolgen die in den 90er Jahren eingeführte neue Form der Zimmerheizkörper, die man als Radiatoren bezeichnete, beigetragen. Die Reinigung wurde dadurch sehr erleichtert. Die Herstellung dieser neuen Heizkörper setzte aber wiederum ganz besondere Leistungen der Gießerei voraus. Nur mit einer bis ins Kleinste durchdachten und für Massenherstellung auf das beste neu eingerichteten Eisengießerei ließ sich dem großen Wettbewerb auf diesem Gebiet die Spitze bieten. Die Gesamtproduktion dieses neuen Fabrikationszweiges hat heute bereits anderthalb Millionen Stück überschritten, Fig. 97.

Bei den Niederdruckdampfheizungen hatte man, wie erwähnt, zuerst gewöhnlich mit 0,3 at gearbeitet. Später ging man auf 1,5 bis 2 at hinauf, dann wieder auf 0,25 at hinunter und jetzt arbeitet man allgemein bei den Normalheizungsanlagen, abgesehen von Fernheizungen, mit 0,1 at. Die jetzigen Heizungen sind gewöhnlich mit selbsttätiger Zentralentlüftung versehen. Diese Niederdruckdampfheizungen werden vorzugsweise in Räumen mit vorübergehender Benutzung, bei besonders ausgedehnten Bauten und in Verbindung mit Lüftungsanlagen verwendet. In erster Linie sind sie geeignet für große Bauanlagen, die von einer Zentralfeuerstelle aus versorgt werden. Von diesen sog. Fernheizungen, von denen die Firma die erste bereits im Jahre 1869 ausgeführt hatte, wird heute noch z. B. für ausgedehnte Fabrikanlagen Gebrauch gemacht. Für Fernheizungen mit großen Entfernungen ging man zu Hochdruck über, d. h. der Dampf wird dem Kessel mit einer Spannung bis zu 12 at entnommen und den einzelnen

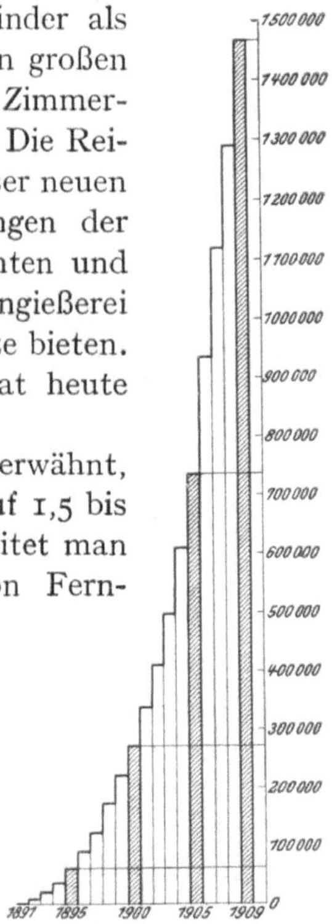

Fig. 97. Gesamtzahl der hergestellten Radiatoren.

Gebäuden meist durch in begehbare Kanäle verlegte gut isolierte Rohrleitungen zugeleitet und erst beim Eintritt in die Häuser durch selbsttätig wirkende Apparate auf 0,1 at vermindert.

Ein wirkliches Bild von dem Entwicklungsgang, welchen die heiztechnische Abteilung der Firma, deren Geschichte wir hier zu behandeln haben, in den fast 70 Jahren ihrer Tätigkeit durchgemacht hat, gibt namentlich ein Vergleich der kleinen veralteten Heizungen zu Beginn des vorigen Jahrhunderts mit den jetzigen modernen großen Fernheizwerken. In Eglfing bei München wurde beispielsweise eine große Fernheizanlage von Gebrüder Sulzer ausgeführt. Einige große Leistungen stellen auch dar die Fernheizung des im Pavillonsystem gebauten Ludwigshafener Krankenhauses, die Beheizung des Ulmer Münsters und des Bundeshauses in Bern, sowie eine Reihe von Theatern, Spitälern und Hotels mit Winterbetrieb, worunter das Grand Hotel St. Moritz im Engadin noch besondere Beachtung verdient.

Hier, 1800 m ü. d. M., wo während der Wintermonate in eleganten Räumen die verwöhntesten Menschen aller fünf Erdteile sich zu treffen pflegen, konnte gezeigt werden, was die Heizungstechnik heute zu leisten vermag. Die Selbstverständlichkeit, mit der von diesem Publikum auch diese Leistung der Technik entgegengenommen wird, ist nicht die geringste, wenn auch von dieser Seite aus unbewußte Anerkennung, die der Leistungsfähigkeit der Technik gezollt wird. Die ganze Heizung im Grand Hotel St. Moritz besteht aus einer Niederdruckdampfheizung und einer Warmwasserheizung. Mit der letzteren werden ausschließlich die Fremdenzimmer erwärmt. Das Hotel hat 12 übereinanderliegende geheizte Stockwerke ohne das Fundamentgeschoß. Der höchste Wärmebedarf beläuft sich auf nicht weniger als 2,3 Mill. WE die Stunde (s. Gesundheitsingenieur vom 1. Juli 1905 und Schweizerische Bauzeitung Bd. 47 Nr. 10 S. 115).

In der Heizungsabteilung werden auch noch Warmwasserbereitungsanlagen, Dampfküchen, Dampfdesinfektionsapparate, Luftbefeuchtungsanlagen für Textilfabriken, Entnebelungsanlagen, Anlagen für Staubabsaugung usw. erstellt. Sehr interessant sind die Kochanlagen. Wir finden hier Kochkessel von 50 bis 300 l Inhalt, die, in Gußeisen ausgeführt, ein Gewicht von 240 bis 800 kg haben. Küchen mit 6, 8 oder noch mehr nebeneinander oder in Kreisen angeordneten Kesseln haben allerdings sehr wenig Vergleichspunkte mehr mit der kleinen Familienküche. Man sieht, wie sehr auch hier der zentralisierte mit Maschinen aller Art ausgestattete Großbetrieb sich ein Feld erobert hat.

IV. Innere und äußere Organisation der Firma.

1. Werkstätten, Gießerei, allgemeine Einrichtungen.

Für die Ausführung der in den vorhergehenden Kapiteln erwähnten mannigfach verschiedenen Maschinen und Apparaten stehen naturgemäß ausgedehnte Werkstätten zur Verfügung. Die Entwicklung der Werkstatteinrichtungen hier im einzelnen zu verfolgen, ist nicht durchführbar. Über die räumliche Entwicklung seit dem Jahre 1834 gibt der Plan, Fig. 98, genügend Auskunft. Ebenso läßt die Fig. 99 erkennen, wie sich die 1881 ins Leben gerufenen Werkstätten in Ludwigshafen vergrößert haben. Die bebaute Fläche beträgt heute für Winterthur und Ludwigshafen zusammen 101 000 qm, davon kommen auf Winterthur allein rund 70 000 qm. Fig. 100 gibt die Gesamtansicht. Sehr interessant müßte es sein, wenn es möglich wäre, die maschinellen Einrichtungen, wie sie sich im Laufe der

Jahrzehnte fortgebildet haben, näher zu verfolgen. Dazu würde es aber notwendig sein, u. a. so weitgehend auf die Entwicklung des Werkzeugmaschinenbaues einzugehen, daß die Durchführung dieses Gedankens vollständig aus dem Rahmen der vorliegenden Arbeit herausfallen müßte. Das umfassende Material, das auch für die Beurteilung dieser Entwicklung mir vorgelegen hat, läßt deutlich erkennen, wie man von Anfang an auf die Benutzung sorgfältig durchgearbeiteter Werkzeugmaschinen großen Wert gelegt hat. Es wurde schon vorher erwähnt, wie gerade in den 50er und 60er Jahren eine Menge wertvoller Werkzeugmaschinen und Spezial-

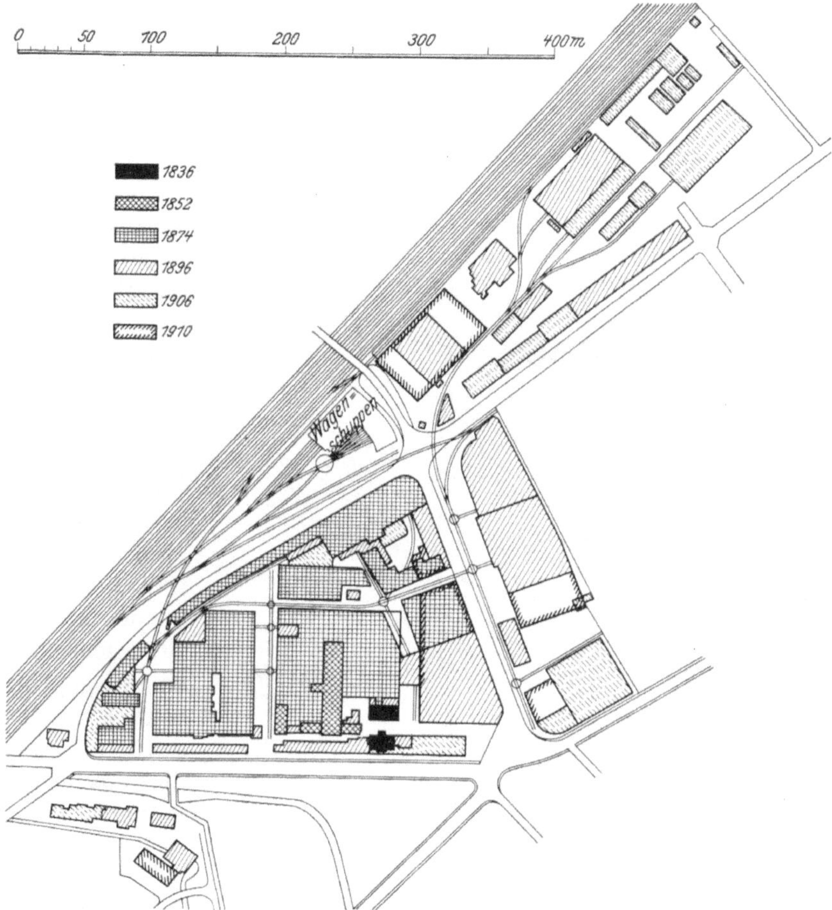

Fig. 98. Räumliche Entwicklung der Fabrik in Winterthur.

maschinen geschaffen wurden, die der Firma ein großes Übergewicht gegenüber den Fabriken gaben, die zu der Zeit noch mangelhaft eingerichtet waren. Das große Ansehen, das sich die Sulzerschen Fabrikate durch ihre genaue Durchführung erwarben, ist in erster Linie hierauf zurückzuführen. Einige solcher Spezialmaschinen sind auch bis in die letzte Zeit gebaut worden, freilich nur für den eigenen Bedarf, so u. a. eine Kolbenringschleifmaschine, Bauart Sulzer.

Besonders bemerkenswert ist die Entwicklung der Gießerei, sind doch die ganzen Anlagen aus einer kleinen Metallgießerei hervorgegangen, heißt doch heute noch in Winterthur die ganze Fabrik kurz „die Gießerei". Während sonst vielfach in den Maschinenfabriken die Gießerei etwas als Nebensache behandelt worden ist, hat man sie in Winterthur als Hauptarbeitsgebiet hervorragend gepflegt. Das kommt u. a. auch dadurch schon zum Ausdruck, daß man bis heute der Gießerei eine von den anderen Abteilungen völlig getrennte eigene Organisation gegeben hat. Seit Jahrzehnten steht an der Spitze der Gießerei der Seniorchef der Firma, Sulzer-Großmann (s. S. 21). Unermüdlich hat er dafür gesorgt, als erster Fachmann des Gießereiwesens die Gießerei nach jeder Richtung hin auf der Höhe zu erhalten. Während man sich sonst oft damit begnügt hat, in mehr handwerksmäßiger Weise den Betrieb so fortzuführen, wie man ihn früher gekannt hat und die Gießerei oft untergeordneten Fachleuten überlassen hat, sorgte man in Winterthur dafür, die Ergebnisse wissenschaftlicher Forschung von vornherein auch stets der praktischen Ausführung nutzbar zu machen. Ebenso wie in anderen Abteilungen ging man auch hier oft eigene Wege und suchte durch langdauernde wissenschaft'iche Versuche sich die Grundlage für weitere Fortschritte zu verschaffen. Diese Bestrebungen in wissenschaftlicher Beziehung führten dazu, im Frühjahr 1900 ein eigenes chemisches Laboratorium einzurichten. Hier werden alle gelieferten Roheisensorten, Kohlen usw. geprüft. Ferner werden zur Kontrolle des Gießereibetriebes die verschiedenen Gußeisenmischungen, Schlackenproben usw. untersucht. Für die Werkstätten werden auch andere Baustoffe, wie Nickelstahl, Rotguß, Farben, Schmiermittel, Fette, Öle usw. geprüft.

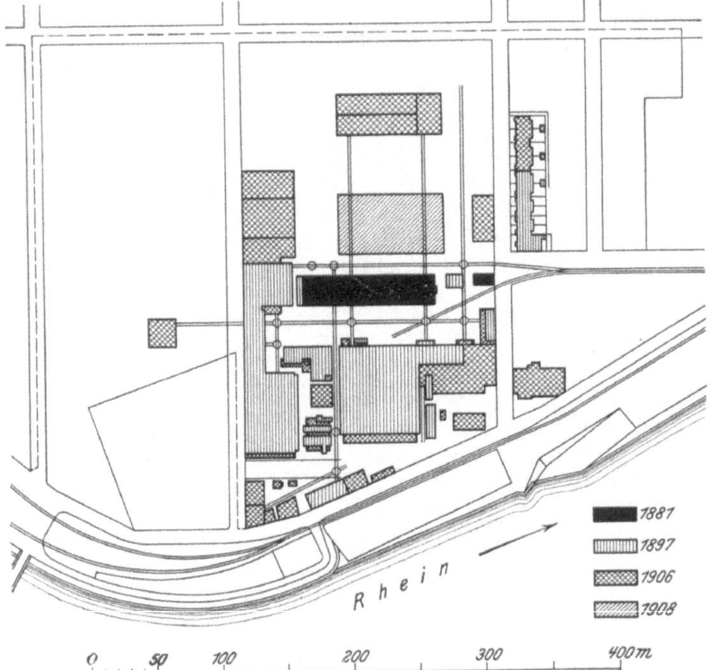

Fig. 99. Räumliche Entwicklung der Fabrik in Ludwigshafen.

Was die Einrichtungen der Gießerei anbelangt, so sind sie naturgemäß auch im Laufe der Jahrzehnte stets weiter entwickelt worden. Heute bedecken die Gießereianlagen in Winterthur und Ludwigshafen zusammen rund 28500 qm Grundfläche und beschäftigen rund 1400 Arbeiter. Bei einer Produktion von 20 000 t Gußwaren im Jahre gehören sie zu den größten Gießereien Europas. Die heutigen Gießereianlagen in Winterthur lassen sich in vier selbständige Betriebe teilen, in die Großgießerei, die Metallgießerei, die Kleingießerei und in die neue Radiatorengießerei. Als vor 75 Jahren der Vater der ersten Gebrüder Sulzer das traurige Ende seines Geschäftes vor sich zu sehen glaubte, da er sich nicht denken konnte, daß der von seinen Söhnen gegen seinen Willen errichtete erste Kuppelofen sich wirklich bezahlt machen könne, war die Entwicklung nicht vorauszusehen, die wir heute überblicken können.

Aus dem ersten kleinen Kuppelofen sind heute für die Großgießerei allein 5 große Öfen geworden mit einer Höhe der Schmelzsäule von 4,5 m und einer stündlichen Normalleistung von 5 bis 9 t. 46 Krane, deren Tragkraft zwischen 1 und 25 t liegt, vermitteln den Verkehr allein in der Großgießerei. Hieraus ergibt sich auch, welch wesentlicher Bestandteil die Transporteinrichtungen für die neuzeitige Fabrikation geworden ist. Die Sandaufbereitung, die Trockenkammern, die Ventilations-

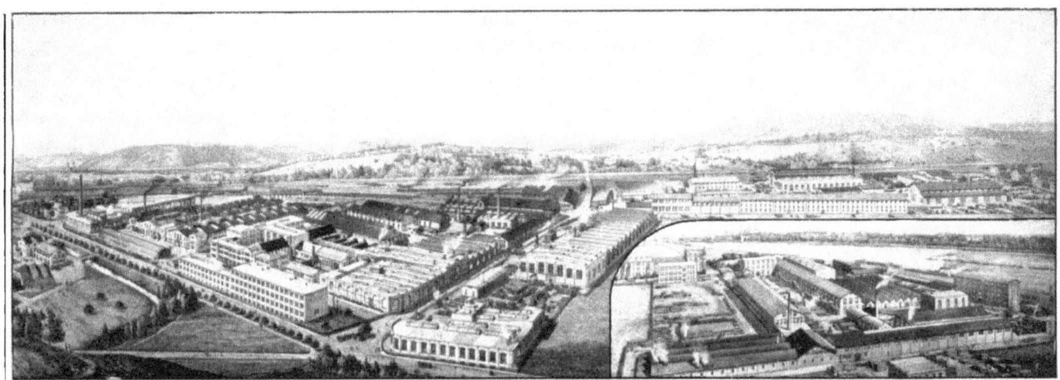

Fig. 100. Ansichten der Fabriken in Winterthur und Ludwigshafen 1906.

anlagen usw. können hier nur erwähnt werden. Die Kleingießerei entstammt in ihrer ursprünglichen Ausführung dem Jahre 1873, 1894 wurde sie umgebaut und erweitert. Heute nimmt sie einen Flächenraum von 6300 qm ein. Hier finden wir auch in großem Umfange die verschiedenartigsten Formmaschinen tätig, die von einer hydraulischen und pneumatischen Anlage mit Energie versorgt werden. 5 Kuppelöfen mit Vorherd, meist eigener Bauart, deren Leistungsfähigkeit zwischen 3 und 6 t stündlich liegt, liefern hier das Eisen. Zeitlich am weitesten zurück läßt sich die Metallgießerei verfolgen. Die heutige Anlage, die in mehreren Stockwerken untergebracht ist, stammt aus dem Jahre 1907/08. Sie nimmt einen Flächenraum von 900 qm ein. Von diesem Betrieb vollständig getrennt ist die Radiatorengießerei, die 1905 auf einem Flächenraum von 2800 qm ausgeführt wurde und inzwischen noch eine weitere Vergrößerung erfahren hat.

Ein Bild von der Entwicklung der Gießerei ergibt sich aus dem Schaubild Fig. 101, das die steigenden Produktionen erkennen läßt. Aus dem ältesten Gießereibuch, das bis zum Jahre 1837 zurückreicht, läßt sich auch die Produktionsentwicklung an Gußeisen und Metallguß vom Jahre 1837 bis 1851 noch feststellen. Danach wurden 1837 an Roheisen 4110, an Metall 178 Ztr. verschmolzen, während im Jahre 1851 die entsprechenden Zahlen 12 382 und 256 Ztr. waren. Man ersieht, wie bescheiden der Anfang hier war, wenn man diese Zahlen mit den heutigen vergleicht[1]).

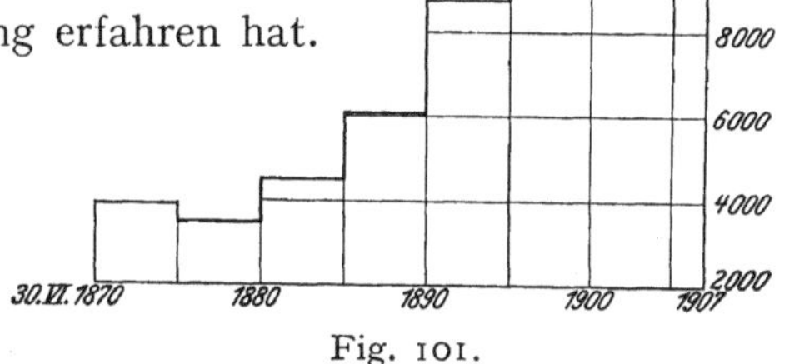

Fig. 101.
Jährliche Produktion der Gießereien in t.

[1]) Da es hier nicht möglich ist, auf die heutige technische Ausgestaltung der gesamten Gießerei an Hand von Figuren näher einzugehen, sei besonders verwiesen auf den Aufsatz „Die Gießereianlagen der Maschinenfabrik Gebrüder Sulzer“ in „Stahl und Eisen“ 1909 Nr. 27. Die Anlagen werden hier an Hand von vielen Zeichnungen und Abbildungen ausführlich beschrieben.

Einen wichtigen Einfluß auf die Ausgestaltung der gesamten Fabrikeinrichtungen hat überall die Elektrotechnik ausgeübt. Das läßt sich auch bei Gebrüder Sulzer verfolgen. Zunächst diente hier der elektrische Strom wie überall der elektrischen Beleuchtung. Schon 1878 wurden 2 kleine Dynamos, wovon jede zur Speisung einer Bogenlampe ausreichte, aufgestellt. 1894 wurde die erste elektrische Kraftzentrale gebaut. Sie lieferte Drehstrom von 190 Volt Spannung und brauchte rund 250 PS. Sie diente zum Antrieb von Hebezeugen und Ventilatoren. Den ersten 28 Elektromotoren, die damals aufgestellt wurden, folgten bald weitere. Schon im nächsten Jahre, 1895, wurde eine zweite Kraftzentrale gebaut. Heute werden die gesamten Werkstätten in Winterthur durch drei elektrische Zentralen und drei Unterstationen von zusammen 2200 PS mit Licht und Kraft versorgt. Daß der Schwachstrom in Form von Signalanlagen und einer telephonischen Anlage von 167 Stationen ausgedehnte Verwendung findet, sei hier der Vollständigkeit wegen nur erwähnt.

Zusammenfassend sei hervorgehoben, daß die Entwicklung gekennzeichnet wird durch die stetig steigende Benutzung von Maschinen, die besonders auch gegenüber der früheren Zeit auf dem Gebiete des Materialtransportes zum Ausdruck kommt. Ferner zeigt sich das Streben nach größerer Zentralisierung der einzelnen Kraftbetriebe.

2. Angestellte und Arbeiter.

Jede Produktion ist von zwei Hauptfaktoren abhängig, von denen der eine in der Vorzüglichkeit der gesamten Fabrikeinrichtungen, der andere in der Güte des mit diesen Einrichtungen arbeitenden Menschenmaterials liegt. Es ist von jeher ein verhängnisvoller Fehler gewesen, wenn Fabrikleitungen die Bedeutung des zweiten Faktors zu gering eingesetzt haben. Bei Gebrüder Sulzer ist man sich von Anfang an bewußt gewesen, in wie hohem Maße der Erfolg der Fabrikate von der Tüchtigkeit des Arbeiterstammes abhängig ist. Der heutige Großbetrieb ist, wie die vorigen Ausführungen zeigen, aus einem ganz kleinen handwerksmäßigen Betriebe herausgewachsen. Die ersten Gebrüder Sulzer waren ihre eigenen besten Arbeiter und bis heute wird auf das vertrauensvolle Zusammenarbeiten zwischen den Inhabern des Geschäftes und den Beamten und Arbeitern der größte Wert gelegt. Es ist deshalb hier am Platze, noch einen kurzen Überblick über die Einrichtungen zu geben, durch die die Firma den von ihr erkannten Pflichten in sozialer Beziehung nachzukommen sucht. Hierbei ist hervorzuheben, daß im Gegensatz zu den deutschen Einrichtungen gesetzlich sehr wenige Vorschriften nach dieser Richtung hin vom Staat aus gemacht werden und daß somit die meisten dieser Veranstaltungen auf die persönliche Initiative der leitenden Männer zurückzuführen sind.

Über das Anwachsen der Arbeiterzahlen gibt Fig. 102 Auskunft. Heute beschäftigen Gebrüder Sulzer in Winterthur und Ludwigshafen zusammen rund 5500 Beamte und Arbeiter, davon kommen auf Winterthur allein 4000. Von den Arbeitern (die das 20. Jahr zurückgelegt haben) sind als gelernte Arbeiter zu bezeichnen rund 2000. Hinzu kommen die ungelernten Arbeiter, rund 220 Arbeiter unter 20 Jahren und rund 340 Lehrlinge. Da es bei der Firma üblich ist, beim Eintritt ihrer Beamten die Ausbildungsart festzustellen, so lassen sich auch hierüber einige Zahlen geben. Von den 330 Angestellten der Zeichenbureaus (technische und kaufmännische Korrespondenzbureaus, Verwaltungs- und Betriebsbureaus sind hierbei nicht mitgerechnet) haben auf einer technischen Hochschule ihre Ausbildung genossen 40, auf sonstigen technischen Schulen 110. Die übrigen haben ihre Ausbildung innerhalb der Firma als Zeichner oder sonst wie sich erworben. Auf dem Konstruktionsbureau unterscheidet man bei Gebrüder Sulzer Ingenieure, Techniker, Zeichner, Kopisten und Zeichenlehrlinge, wobei man unter Kopisten die Zeichner versteht, die ihre Tätigkeit als Zeichner beibehalten wollen, während die als Zeichner eingestellten Beamten häufig durch Besuch von technischen Mittelschulen sich noch weiter als Techniker auszubilden suchen. Die Lehrzeit der Lehrlinge beträgt 4 Jahre. Bemerkenswert ist ferner, daß im Werkstattbetrieb vorzugsweise Beamte, die sich in der eigenen Werkstätte emporgearbeitet haben, zur Leitung und als Meister herangezogen werden. Das hat seinen Grund darin, daß man gerade hierfür ausgedehnte praktische Erfahrungen als unentbehrlich ansieht, demgegenüber technische schulmäßige Ausbildung nicht in erster Linie notwendig ist. Gerade für die Stellung als Werkmeister innerhalb des Fabrikbetriebes kommt es vor allem auf die Persönlichkeit an, denn der betreffende Meister hat hier nicht nur mit toten Maschinen, sondern mit lebenden Menschen umzugehen.

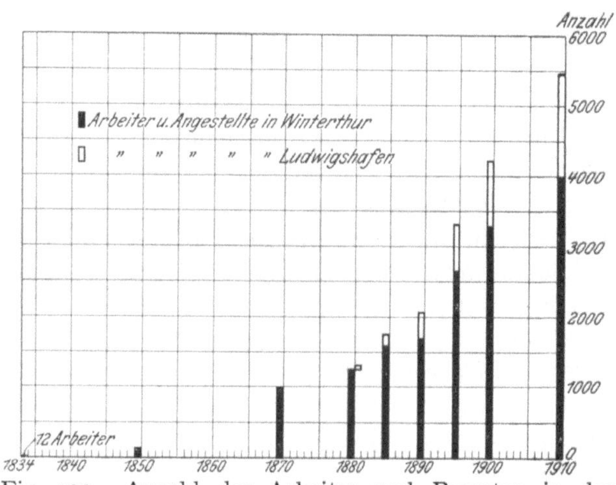

Fig. 102. Anzahl der Arbeiter und Beamten in den einzelnen Jahren von 1834 bis 1910.

Von größter Bedeutung für die Entwicklung der Fabrik sind, wie vorher schon erwähnt, die Arbeiterverhältnisse. Der Schweizer Arbeiter mit seiner nüchternen Lebensauffassung, seinem Sinn für Ordnung und Genauigkeit mußte die Entwicklung der Fabrik günstig beeinflussen[1]).

Die Leistungen der Firma für die Arbeiter sind in der Schweiz in viel geringerem Maße durch gesetzliche Vorschriften geregelt als in Deutschland. Was hier die Firma getan hat, entspringt dem Verantwortlichkeitsgefühl sowie der Überlegung, daß es für die gemeinsame Arbeit vorteilhaft sei, die Lebensbedingungen aller Mitarbeiter so günstig als möglich zu gestalten, und der heranwachsenden Generation das Fortkommen nach Möglichkeit zu erleichtern. Zu der ersten Gruppe gehören im wesentlichen gesundheitliche Einrichtungen, die Wohnungsfragen, Unterstützungskassen, Lebensversicherungen usw. Der zweiten Auf-

[1]) Diese günstigen Arbeitsverhältnisse, die auf gegenseitiger Schätzung der Arbeit in jeder Form begründet liegt, werden naturgemäß schwieriger, seitdem die immer größer werdende Arbeiterzahl es notwendig macht, auch Ausländer in steigendem Maße zu verwenden. Diese Durchsetzung des heimischen Arbeiterstammes mit Elementen, die ihre Grundanschauungen in ganz anderen Lebensverhältnissen gewonnen haben, gab bereits Anlaß zu Unzufriedenheiten. Je mehr durch das Eindringen fremder Elemente die Einheit des eingesessenen Arbeiterstammes gestört wird, um so schwieriger wird die Behandlung der großen Arbeitermassen werden. Die Heranbildung und Erhaltung eines brauchbaren Arbeiterstammes fand von Anfang an Beachtung bei den Begründern der Firma. Eine große Zahl von Einrichtungen und Bestimmungen suchte nach dieser Richtung hin zu wirken.

gabe dient in erster Linie die Lehrlingsausbildung in der eigenen Fortbildungsschule.

Übergehen wir die heute schon glücklicherweise selbstverständlich gewordenen hygienischen Einrichtungen innerhalb der Fabrikgebäude, zu denen auch ausgedehnte Badeeinrichtungen zu rechnen sind, so wäre zu erwähnen ein Arbeiterhaus, das einen Speisesaal, der etwa 350 Personen faßt, enthält, sowie ein Lesezimmer, das 1100 Bücher und 41 Tagesblätter und Zeitschriften aufweist. Die Bücher werden den Arbeitern auch nach Hause entliehen.

Von größter Bedeutung ist die Wohnungsfrage. Hier lagen die Verhältnisse in Winterthur nun an und für sich wesentlich günstiger wie in den Industriezentren unserer Großstädte. Der Schweizer stellt auch an und für sich größere Ansprüche an die Behaglichkeit der Wohnung, die er in Winterthur und vor allem auch in den umliegenden Ortschaften findet. Trotzdem aber sah bei der immer wachsenden Arbeiterzahl die Firma sich veranlaßt, einzugreifen, indem sie sich am Bau von neueren und gesunden Arbeiterwohnungen beteiligte. Wie auch anderswo hat die Firma mit diesen Bestrebungen nicht immer das nötige Verständnis bei den Arbeitern gefunden. Die Arbeiter fürchteten in dieser Art der Unterstützung einen Zwang; sie möchten nach jeder Richtung hin eine Abhängigkeit außerhalb ihrer Tätigkeit in der Fabrik vermeiden. Gebrüder Sulzer haben deshalb versucht, den gleichen Zweck auf einem andern Wege zu erreichen, indem sie eine Einrichtung geschaffen haben, woraus an Arbeiter und Angestellte Vorschüsse zur Beschaffung eigner Heimwesen gewährt werden. Diese Vorschüsse werden zum Teil gegen Schuldbriefe auf die zu bauenden Häuser oder gegen Verschreibung der Lebensversicherungspolice bei entsprechenden Lohnabzügen gewährt. Von weiteren Einrichtungen der Firma für ihre Arbeiter ist zu nennen der Unterstützungsfond, der jährlich neu ergänzt wird. Die von den Arbeitern selbst verwaltete Krankenkasse wurde im Jahre 1845 gegründet. An die in Verbindung mit dieser Krankenkasse ins Leben gerufene Kurversorgung, durch die es erholungsbedürftigen Angestellten und Arbeitern ermöglicht wird, ihre Erholung in Kur- und Badeorten für ein sehr geringes Entgelt zu suchen, leistet die Firma jährliche Beiträge.

Zu erwähnen wäre schließlich, daß jeder Arbeiter, der 10 Jahre bei der Firma beschäftigt gewesen ist, das Recht auf eine Woche bezahlter Ferien hat.

Sehr bemerkenswert sind auch die Einrichtungen, durch die es die Firma ihren Angestellten und Arbeitern ermöglicht, vorteilhafte Lebensversicherungen abzuschließen. Schon 1871 ist man an diese Frage herangetreten, weil man in diesem Mittel die Möglichkeit sah, ohne einen Zwang auf den Arbeiter nach irgendeiner Richtung auszuüben, ihm doch die Sorge für sein Alter und für seine Angehörigen zu erleichtern. Die Firma vermittelt die Lebensversicherung mit der Schweizerischen Lebensversicherungs- und Rentenanstalt in Zürich. Die Firma zahlt die Prämie im voraus ein und zieht den Versicherten die Summe im Laufe des betreffenden Jahres am Zahltag in kleinen Beträgen ab. Gebrüder Sulzer leisten ferner Beiträge zu den Prämien, und zwar den Versicherten, welche 5 Jahre ununterbrochen gearbeitet haben, $^1/_3$ der Prämie, denen, die 10 Jahre tätig gewesen sind, $^1/_2$ der Prämie und Versicherten, die 15 Jahre und mehr bei der Firma beschäftigt gewesen sind, $^2/_3$ der Prämie. Diese Beiträge werden nur geleistet für Versicherungssummen, die nicht über 4000 Fr. betragen. Natürlich steht es jedermann frei, sich höher zu versichern, nur erhält er für den Überschuß keinen Beitrag. Solange der Arbeiter bei Gebrüder Sulzer beschäftigt ist, wird die Police von der Firma aufbewahrt und der Versicherte kann nicht darüber verfügen. Tritt ein Versicherter im Laufe des Geschäftsjahres aus, so hat er nur die von der Firma für das laufende Jahr vorausbezahlten Prämien zu entrichten, um in den ungestörten Besitz seiner Police zu kommen.

Seit 1892 besteht auch ein für die Altersversorgung bestimmter sog. Alters- und Invalidenfond, der, aus den Schenkungen der Firmainhaber errichtet, heute die Summe von 1,5 Mill. Fr. enthält. Er dient dazu, Arbeitern und gegebenenfalls auch Angestellten, die im Dienste der Firma alt und arbeitsunfähig geworden sind, jährliche Renten auszusetzen.

Alle diese vorher aufgeführten Maßnahmen würden nicht ausreichen zu dem angestrebten vertrauensvollen Zusammenarbeiten aller Beteiligten, wenn sie nicht getragen würden durch das auf das persönliche Verstehen der verschiedenen Lebensbedürfnisse aufgebaute gegenseitige Vertrauen. Dieses Sichkennenlernen und Verstehen wird aber in der Schweiz gerade auf das beste unterstützt durch den für alle Stände obligatorischen Schulbesuch der gleichen Schule. Ihre Kindheit verleben die Söhne der Arbeiter mit den Söhnen der Fabrikanten gemeinsam auf der gleichen Schulbank. Das bringt die Möglichkeit persönlichen Verhältnisses naturgemäß viel näher und nicht minder wie dieser gemeinsame Schulbesuch wirkt die ausgedehnte Tätigkeit in der Schweizer Militärorganisation, bei der auch alle daran beteiligten Kreise ohne Unterschied der Stände in wechselseitige Beziehungen zueinander treten. Wenn man alle diese Umstände berücksichtigt, dann versteht man, wie die allgemein übliche Anrede an die Arbeiter von seiten der Firma, wie sie in den Anschlägen innerhalb der Fabrik zu sehen ist, „An unsere Mitarbeiter" lautet.

Um die Fortbildung der heranwachsenden Arbeitergeneration haben sich Gebrüder Sulzer von jeher gekümmert, hat doch Sulzer-Hirzel selbst, als er aus Paris zurückkehrte und mit seinem Bruder gemeinsam das Geschäft begründete, bei all seiner großen Arbeit noch viele Jahre Zeit gefunden, den technischen Zeichenunterricht an der Winterthurer Gewerbeschule zu geben. Mit Genugtuung würde es gewiß der Begründer der Firma begrüßt haben, daß nunmehr in neuester Zeit die Firma dazu übergegangen ist, für ihre Lehrlinge eine eigene Fortbildungsschule zu schaffen. Diese Fortbildungsschule ist für alle Lehrlinge von Gebrüder Sulzer obligatorisch. Der Unterricht wird in 3 Jahreskursen gegeben. Im ersten Jahr wird angewandtes Rechnen, Flächen- und Körperberechnen und Skizzieren erteilt. Im zweiten Jahr kommt hinzu Materiallehre, Physik und Maschinenzeichnen. Im dritten Jahre wird Mechanik und Deutsch gelehrt. Die Klassen sind in vier Abteilungen geteilt, die jede höchstens 30 Schüler umfaßt. Bei Bildung der Klassen wird auf die Vorbildung und Fähigkeit und auf den Beruf Rücksicht genommen, so daß möglichst Schlosserlehrlinge, Gießerlehrlinge usw. zusammenbleiben. Sehr bemerkenswert ist der Anschauungsunterricht, der im dritten Jahreskurs erteilt wird und darin besteht, daß die Lehrlinge sämtlicher Abteilungen, also auch die Zeichenlehrlinge, an den arbeitsfreien Sonnabendnachmittagen die anderen Abteilungen unter Zuziehung der betreffenden Meister besuchen und hier mit den Arbeiten eingehend vertraut gemacht werden. Die Unterrichtszeit liegt wöchentlich früh zwischen $^1/_2 7$ und $^1/_2 8$ Uhr, 11 und 12 Uhr und am Sonnabend nachmittag zwischen 2 und 4 Uhr. Für die innerhalb der Arbeitsstunden fallenden Unterrichtsstunden erhalten die Lehrlinge ihren normalen Lohn. Schreib- und Zeichenmaterialien erhalten die Schüler kostenfrei. Am Schlusse eines jeden halben Jahres erhält der Schüler ein Zeugnis. Die so erhaltenen Noten werden im Lehrzeugnis am Schlusse der Lehrzeit mit berücksichtigt. 15 Lehrer stehen für den Unterricht zur Verfügung, wovon 7 Angestellte der Firma sind. Sehr bemerkenswert ist, daß die Firma außer den Lehrlingen für die Werkstätten auch sog. Verwaltungslehrlinge ausbildet, die später als niedere und mittlere Beamte in den Verwaltungsbureaus und in den Kalkulationsabteilungen Verwendung finden. Gerade für die Kalkulation ist es ja in hohem Maße wünschenswert, daß die Betreffenden auch eine gewisse Einsicht in die gesamte Fabrikation erhalten haben.

Naturgemäß beschäftigt sich die Firma auch mit der Ausbildung von Ingenieuren und Technikern insofern, als sie einer Zahl von Volontären Gelegenheit zur praktischen Arbeit gibt. Die Lehrzeit des Volontärs bei Gebrüder Sulzer ist auf 2 Jahre festgesetzt, von denen in der Regel 6 Monate in der Gießerei, 1 Monat in der Schmiede, 3 Monate in der Dreherei und 14 Monate in der Schlosserei zuzubringen sind. Der Volontär hat beim Eintritt 1000 Fr. zu zahlen, die dem Arbeiterunterstützungsfond des Geschäftes zufließen. Mit Recht wird streng darauf gesehen, daß sich der Volontär der Fabrikordnung unterstellt und die Arbeitszeit genau innehält.

3. Die geschäftliche Organisation.

Um die Leistungen zu ermöglichen, über die bisher berichtet wurde, bedurfte es einer ständig fortschreitenden Entwicklung der Gesamtorganisation. Gleich einem lebenden Organismus muß auch eine Firma sich rechtzeitig und ausreichend den sich ständig verändernden Daseinsbedingungen anpassen, wenn sie lebensfähig bleiben will. Dieses Wachsen und Sichanpassen ist besonders deshalb reizvoll zu beobachten, weil hier die verschiedenartigsten Faktoren in ihrer wechselseitigen Beeinflussung berücksichtigt werden müssen. Klare Voraussicht, schnelle Entschlußfähigkeit, sichere Urteilskraft sind hier die notwendigen Eigenschaften der Führer, von denen die Weiterbildung entscheidend beeinflußt wird. Der Wert der Persönlichkeit tritt hier besonders ausschlaggebend in die Erscheinung. Wie richtig man dies von Anfang an von der Firma erkannt hat, geht bereits aus den früheren Darlegungen über den Lebensgang der führenden Männer hervor. Die Personenfrage steht auch heute im Vordergrund. Der rechte Mann am rechten Platz, das ist die Voraussetzung jeden Erfolges. Man hat sich deshalb bei Gebrüder Sulzer mit Recht von jedem bloßen Schematismus, wo man die Personen nach den Schubkästen des Organisationssystems zuschneiden möchte, was man so oft mit Organisation verwechselt, fern gehalten, und vielmehr umgekehrt die geschäftliche Organisation nach den Männern einzurichten gesucht, die man zur Verfügung hatte. Man weiß ferner, daß die Freude an der Arbeit eine der wesentlichsten Bedingungen am Erfolg ist und daß diese Lust an der Arbeit nur dann auf die Dauer möglich ist, wenn man unter eigener Verantwortung nach Möglichkeit frei bestimmend schaffen kann. Nur so allein kann gerade dem Tüchtigsten seine Tätigkeit zur eigenen Arbeit werden. Damit aber wächst der Angestellte aus dem bloßen ausführenden Beamten hinaus, er wird zum wertvollen Mitarbeiter, zum Teilhaber an den Geschicken des Geschäftes.

Suchen wir uns zunächst ein Bild zu machen von der inneren Organisation, wie sie heute besteht. Die Firma stellt heute eine offene Handelsgesellschaft dar. Die heutigen acht Inhaber der Firma teilen sich in die Leitung der Firma, deren Verwaltung in 15 Abteilungen gegliedert ist. Neben den 4 Abteilungen, die sich unmittelbar mit der Konstruktion und dem Verkehr mit der Kundschaft zu befassen haben, das sind die Abteilungen für Dampfkraftmaschinen, einschließlich Dampfkessel, für Verbrennungskraftmaschinen, für allgemeinen Maschinenbau und für Heizung, stehen die Abteilungen der allgemeinen Verwaltung, die kaufmännische Abteilung, Kasse, das Privatbureau, Materialverwaltung, Kalkulation, Versand und weiterhin das Bureau für rechtliche und Organisationsfragen, das Patentbureau einschließlich des Bureaus für literarische Fragen sowie für Personalangelegenheiten und das statistische Bureau. Alle Teilhaber sind koordinierte Direktoren mit gleichen Rechten und Pflichten. Selbstverständlich hat ein erfolgreiches Zusammenarbeiten so vieler Gleichberechtigter ein hohes Maß von Verträglichkeit und die Fähigkeit, eigene Wünsche zum Besten des Ganzen zurückstellen zu können, zur Voraussetzung. Großen Wert legt man darauf, daß jeder Teil des Arbeitsgebietes durch Verantwortlichkeit eines einzelnen gleichsam gedeckt wird. Jedem der Inhaber ist deshalb ein Gebiet zur besonderen Bearbeitung zugewiesen, innerhalb dessen er auch bis zu einer gewissen Höhe geldlich frei verfügen kann. Alle Wochen findet eine Konferenz statt, die bei mindestens drei Anwesenden Bestimmungen treffen kann. Auch dies läßt sich nur durchführen bei dem hohen persönlichen Vertrauen, das die einzelnen Teilhaber zueinander haben.

Die äußere Organisation der Firma ist naturgemäß mit der Entwicklung des Geschäftes aus einem kleinen handwerksmäßigen Betriebe zu einem die gesamte Welt umspannenden Geschäft gewachsen. Die Schweiz ist zu klein, um großen Betrieben genügenden Absatz im eigenen Lande zu gewähren. Man war deshalb bei Gebrüder Sulzer schon frühzeitig auf den Export angewiesen. Große Schwierigkeiten, unter denen vor allem die Zollverhältnisse zu nennen sind, waren hierbei zu überwinden. Man war sich klar, daß nur durch die hervorragende Güte der Erzeugnisse sich der Weltmarkt erobern ließ. Die erste Etappe auf diesem Eroberungszuge machte die Abteilung Heizung. In welch großem Umfange sich dann später vor allem die Sulzerschen Dampfmaschinen im Auslande verbreitet haben, ist bekannt. Heute legen Sulzersche Erzeugnisse in allen Ländern der Erde Zeugnis ab für die Leistungsfähigkeit der Schweizer Firma.

Die Organisation, die alle diese mannigfach verschiedenen geschäftlichen Beziehungen zu entwickeln hatte, ist natürlich nicht mit einem Male geschaffen worden, sondern hat sich im Laufe der Jahrzehnte unter Berücksichtigung der jeweilig vorliegenden Verhältnisse verschiedenartig entwickelt. Überall da, wo sich die geschäftlichen Beziehungen lebhafter gestalteten, wurden Bureaus gegründet. Neben Deutschland und der Schweiz hat man sich von jeher eingehend um Italien gekümmert. Seit Mitte der 60er Jahre war die Firma in Turin vertreten. 1887 wurde ein Bureau in Mailand, 1898 in Paris, 1904 in Kairo und Alexandrien, 1905 in London, 1907 in Rom, 1909 in Tokio gegründet.

Der Bedeutung Deutschlands als Absatzgebiet für Gebrüder Sulzer wurde man gerecht durch Anlage einer eigenen Fabrik in Ludwigshafen (Rhein) im Jahre 1881. Zunächst hatte man beabsichtigt, Ludwigshafen nur als ausführende Fabrik einzurichten, sie hat sich aber immer mehr zur selbständigen Fabrik entwickelt. Wenn auch heute noch die Konstruktionsarbeiten in Winterthur ausgeführt werden, so besitzt doch Ludwigshafen eigene technische Anlagenbureaus. In der Heizungsabteilung hat es sich als zweckmäßig herausgestellt, Ludwigshafen für Akquisition, Disposition der Anlagen usw. von Winterthur vollständig zu trennen, auch die Pumpenabteilung hat sich im Laufe der Jahre fast selbständig gemacht. Fabriziert werden in Ludwigshafen außer den Dampfmaschinen und Heizungen auch Dieselmaschinen, Zentrifugalpumpen und Ventilatoren. Eine Kesselschmiede hat Ludwigshafen nicht, dagegen wurde eine Groß- und Kleingießerei und eine eigene Versuchsstation für die verschiedenen Abteilungen eingerichtet. Ursprünglich war der Plan, in Ludwigshafen, dessen Grundstücke unmittelbar am Rhein liegen, den Schiffbau im Großen aufzunehmen. Diese Absicht ist bisher noch nicht zur Ausführung gekommen. Vielleicht bietet der jetzt aufgenommene Bau von Schiffsdieselmaschinen die Veranlassung, auf diese Absicht zurückzukommen. Die Organisation in Ludwigshafen gleicht im großen und ganzen der in Winterthur.

Abgesehen von den der Firma unmittelbar unterstellten Bureaus sind noch eine große Zahl von anderen Vertretungen vorhanden, die aber nicht unter dem Namen der Firma gehen. Für Rußland, Spanien und Portugal, wovon Rußland besonders durch die Bemühungen Züblins große Bedeutung für die Firma erlangt hat, arbeiten Gebrüder Sulzer seit Jahren mit dem Hause John M. Sumner & Co., das in diesen Ländern eine große Zahl Bureaus und Zweigniederlassungen hat. Als wichtiges Absatzgebiet kommt dann Argentinien hinzu, wo die Firma seit Anfang der 80er Jahre vertreten ist, sowie Ägypten, dessen große von Gebrüder Sulzer ausgeführte Bewässerungsanlagen bereits erwähnt wurden. Auch Japan, Südafrika und Mexiko haben eine ausgedehnte geschäftliche Bearbeitung erfahren. Grundsätzlich sucht man hierbei für alle weit abliegenden Länder Anschluß an große gut eingeführte Geschäftshäuser.

An dieser Stelle ist auch noch zu erwähnen, daß die Firma durch Lizenzabgabe auf ihre wichtigsten Konstruktionen sich wertvolle Beziehungen zu maßgebenden Firmen anderer Länder erworben hat. Zu nennen wäre hier die Maschinenfabrik Augsburg, die 1872 das Recht auf Ausführung Sulzerscher Ventildampfmaschinen erworben hatte, dann Carels Frères in Gent, mit denen 1873 ein Abkommen getroffen wurde, das, trotzdem schon längst die Patente abgelaufen waren, bis vor wenigen Jahren noch in Kraft war. In den 70er Jahren trat man dann weiterhin mit den französischen Firmen Satre & Averly in Lyon für Südfrankreich und L. A. Quillaq & Cie. in Anzin für Nordfrankreich, dann mit der österreichischen Firma Friedrich Wanniek & Co. in Brünn, der jetzigen Ersten Brünner Maschinenfabriks-Gesellschaft in Verbindung. Mit der letzteren besteht das Abkommen, soweit Maschinen mit Sulzerventilsteuerung in Frage kommen, noch heute. Ende der 80er Jahre schloß man dann auch noch mit der englischen Firma Bryan, Donkin in London ein entsprechendes Abkommen. So sehen wir, wie durch die Jahrzehnte langen freundschaftlichen Beziehungen der einzelnen Teilhaber und Leiter der Firma verstärkt, eine großzügig angelegte Organisation alle Länder umfaßt, die für den Absatz der Firma irgendwie in Frage kommen.

V. Zusammenfassung und Schluß.

Wir stehen am Ende der geschichtlichen Betrachtung, die uns mit dem Werdegang der Firma bekannt machte. Wir haben gesehen, wie durch die Intelligenz und die unermüdliche Willenskraft der Begründer aus dem kleinen handwerksmäßigen Betriebe das Geschäft emporgewachsen ist, wie es dank der gleichen Tatkraft der beiden folgenden Generationen zu dem Weltgeschäft emporgewachsen ist, das heute eine der ersten Stellen in der Welt einnimmt. Was die Erzeugnisse der Firma für die Weiterentwicklung der gesamten Technik bedeuten, davon legen die überall arbeitenden Maschinen und Apparate Zeugnis ab.

Kennzeichnend für die gesamte Entwicklung ist der stetige Fortschritt seit dem Bestehen der Firma. Würde es möglich sein, die Resultierende alle der einzelnen Fortschritte auf den verschiedenen Gebieten in konstruktiver und finanzieller Hinsicht zu ziehen, so würde man erstaunt sein über die Stetigkeit der Kurve. Sensationelle Überraschungen, die Erscheinungen einer plötzlich einsetzenden rapiden Entwicklung fehlen in der Geschichte der Firma. Was aber für den, der tiefer eindringen kann in den Entwicklungsgang der Firma, einen besonderen Reiz gibt, das sind die Persönlichkeitswerte, die von Anfang an bis heute überall in dem gesamten Wirken der Firma so stark zum Ausdruck kommen. Die große Wertschätzung der schaffenden Arbeit in jeder Form von den an der Spitze stehenden Leitern an bis zum geringsten Arbeiter ist das alle Mitarbeitende umschließende gemeinsame Band. Sulzer-Hirzel, der Begründer der Firma, schrieb 1876 an seinen jüngsten Sohn: „Mit dem festen Grundsatz, alles aufs beste zu besorgen, hat unser Geschäft sich einen seltenen guten Namen weithin verschafft.“ Darin liegt eins der wichtigsten Geheimnisse des Erfolges: die Zuverlässigkeit der Arbeit.

Wenn es gelingt, die Grundsätze, die von den ersten Gebrüder Sulzer in ihren Gesprächen und Briefen in oft sprichwörtlich klingender Form festgelegt wurden, die immer wieder den Wert der persönlichen Arbeit, das vertrauensvolle zuverlässige Arbeiten unter gegenseitiger Achtung zum Inhalt haben, dauernd zu erhalten, dann wird auch gewiß die weitere Entwicklung der Firma in den nächsten Jahrzehnten der entsprechen, die hier so eingehend für die verflossenen 75 Jahre geschildert werden konnte.
